中国古代纺织与印染

王烨 编著

中国商业出版社

图书在版编目（CIP）数据

中国古代纺织与印染／王烨编著 . --北京：中国商业出版社，2015. 10（2022. 4 重印）

ISBN 978-7-5044-8621-9

Ⅰ.①中⋯ Ⅱ.①王⋯ Ⅲ.①纺织工业-技术史-中国-古代②染整工业-技术史-中国-古代 Ⅳ.①TS1-092

中国版本图书馆 CIP 数据核字（2015）第 229196 号

责任编辑：常　松

中国商业出版社出版发行

（www. zgsycb. com　100053　北京广安门内报国寺 1 号）

总编室：010-63180647　编辑室：010-83114579

发行部：010-83120835/8286

新华书店经销

三河市吉祥印务有限公司印刷

*

710 毫米×1000 毫米　16 开　12.5 印张　200 千字

2015 年 10 月第 1 版　2022 年 4 月第 3 次印刷

定价：25.00 元

* * * * *

（如有印装质量问题可更换）

序　言

　　中国是举世闻名的文明古国,在漫长的历史发展过程中,勤劳智慧的中国人创造了丰富多彩、绚丽多姿的文化。这些经过锤炼和沉淀的古代传统文化,凝聚着华夏各族人民的性格、精神和智慧,是中华民族相互认同的标志和纽带,在人类文化的百花园中摇曳生姿,展现着自己独特的风采,对人类文化的多样性发展做出了巨大贡献。中国传统民俗文化内容广博,风格独特,深深地吸引着世界人民的眼光。

　　正因如此,我们必须按照中央的要求,加强文化建设。2006 年 5 月,时任浙江省委书记的习近平同志就已提出:"文化通过传承为社会进步发挥基础作用,文化会促进或制约经济乃至整个社会的发展。"又说,"文化的力量最终可以转化为物质的力量,文化的软实力最终可以转化为经济的硬实力。"(《浙江文化研究工程成果文库总序》)2013 年他去山东考察时,再次强调:中华民族伟大复兴,需要以中华文化发展繁荣为条件。

　　正因如此,我们应该对中华民族文化进行广阔、全面的检视。我们应该唤醒我们民族的集体记忆,复兴我们民族的伟大精神,发展和繁荣中华民族的优秀文化,为我们民族在强国之路上阔步前行创设先决条件。实现民族文化的复兴,必须传承中华文化的优秀传统。现代的中国人,特别是年轻人,对传统文化十分感兴趣,蕴含感情。但当下也有人对具体典籍、历史事实不甚了解。比如,中国是书法大国,谈起书法,有些人或许只知道些书法大家如王羲之、柳公权等的名字,知道《兰亭集序》

是千古书法珍品,仅此而已。

再如,我们都知道中国是闻名于世的瓷器大国,中国的瓷器令西方人叹为观止,中国也因此获得了"瓷器之国"(英语 china 的另一义即为瓷器)的美誉。然而关于瓷器的由来、形制的演变、纹饰的演化、烧制等瓷器文化的内涵,就知之甚少了。中国还是武术大国,然而国人的武术知识,或许更多来源于一部部精彩的武侠影视作品,对于真正的武术文化,我们也难以窥其堂奥。我国还是崇尚玉文化的国度,我们的祖先发现了这种"温润而有光泽的美石",并赋予了这种冰冷的自然物鲜活的生命力和文化性格,如"君子当温润如玉",女子应"冰清玉洁""守身如玉";"玉有五德",即"仁""义""智""勇""洁";等等。今天,熟悉这些玉文化内涵的国人也为数不多了。

也许正有鉴于此,有忧于此,近年来,已有不少有志之士开始了复兴中国传统文化的努力之路,读经热开始风靡海峡两岸,不少孩童以至成人开始重拾经典,在故纸旧书中品味古人的智慧,发现古文化历久弥新的魅力。电视讲坛里一拨又一拨对古文化的讲述,也吸引着数以万计的人,重新审视古文化的价值。现在放在读者面前的这套"中国传统民俗文化"丛书,也是这一努力的又一体现。我们现在确实应注重研究成果的学术价值和应用价值,充分发挥其认识世界、传承文化、创新理论、资政育人的重要作用。

中国的传统文化内容博大,体系庞杂,该如何下手,如何呈现?这套丛书处理得可谓系统性强,别具匠心。编者分别按物质文化、制度文化、精神文化等方面来分门别类地进行组织编写,例如,在物质文化的层面,就有纺织与印染、中国古代酒具、中国古代农具、中国古代青铜器、中国古代钱币、中国古代木雕、中国古代建筑、中国古代砖瓦、中国古代玉器、中国古代陶器、中国古代漆器、中国古代桥梁等;在精神文化的层面,就有中国古代书法、中国古代绘画、中国古代音乐、中国古代艺术、中国古代篆刻、中国古代家训、中国古代戏曲、中国古代版画等;在制度文化的层面，就有中国古代科举、中国古代官制、中国古代教育、中国古代军队、中国古代法律等。

此外，在历史的发展长河中，中国各行各业还涌现出一大批杰出人物，至今闪耀着夺目的光辉，以启迪后人，示范来者。对此，这套丛书也给予了应有的重视，中国古代名将、中国古代名相、中国古代名帝、中国古代文人、中国古代高僧等，就是这方面的体现。

生活在 21 世纪的我们，或许对古人的生活颇感兴趣，他们的吃穿住用如何，如何过节，如何安排婚丧嫁娶，如何交通出行，孩子如何玩耍等，这些饶有兴趣的内容，这套"中国传统民俗文化"丛书都有所涉猎。如中国古代婚姻、中国古代丧葬、中国古代节日、中国古代民俗、中国古代礼仪、中国古代饮食、中国古代交通、中国古代家具、中国古代玩具等，这些书籍介绍的都是人们颇感兴趣、平时却无从知晓的内容。

在经济生活的层面，这套丛书安排了中国古代农业、中国古代经济、中国古代贸易、中国古代水利、中国古代赋税等内容，足以勾勒出古代人经济生活的主要内容，让今人得以窥见自己祖先的经济生活情状。

在物质遗存方面，这套丛书则选择了中国古镇、中国古代楼阁、中国古代寺庙、中国古代陵墓、中国古塔、中国古代战场、中国古村落、中国古代宫殿、中国古代城墙等内容。相信读罢这些书，喜欢中国古代物质遗存的读者，已经能掌握这一领域的大多数知识了。

除了上述内容外，其实还有很多难以归类却饶有兴趣的内容，如中国古代乞丐这样的社会史内容，也许有助于我们深入了解这些古代社会底层民众的真实生活情状，走出武侠小说家加诸他们身上的虚幻的丐帮色彩，还原他们的本来面目，加深我们对历史真实性的了解。继承和发扬中华民族几千年创造的优秀文化和民族精神是我们责无旁贷的历史责任。

不难看出，单就内容所涵盖的范围广度来说，有物质遗产，有非物质遗产，还有国粹。这套丛书无疑当得起"中国传统文化的百科全书"的美誉。这套丛书还邀约大批相关的专家、教授参与并指导了稿件的编写工作。应当指出的是,这套丛书在写作过程中,既钩稽、爬梳大量古代文化文献典籍,又参照近人与今人的研究成果,将宏观把握与微观考察相结合。在论述、阐释中,既注意重点突出,又着重于论证层次清晰,从多角度、多层面对文化现象与发展加以考察。这套丛书的出版,有助于我们走进古人的世界,了解他们的生活,去回望我们来时的路。学史使人明智,历史的回眸,有助于我们汲取古人的智慧,借历史的明灯,照亮未来的路,为我们中华民族的伟大崛起添砖加瓦。

是为序。

傅璇琮

2014 年 2 月 8 日

前　言

　　我国纺织与印染的悠久历史、辉煌成就和艰辛历程，可以说是中华古老文明发展历程的一个缩影。

　　我国古代纺织与印染技术具有非常悠久的历史，早在原始社会时期，人们为了适应气候的变化，为了防寒取暖，经过长期实践，就地取材，学会利用自然资源作为纺织印染的材料，并且发明了简单的纺织器械。如今，我们日常的衣服和某些生活用品及艺术品都是纺织与印染技术的产物。

　　中国的纺织技术闻名于世。远在六七千年前，人们就懂得用麻、葛纤维为原料进行纺织。公元前16世纪(殷商时期)，产生了织花工艺和"辫子股绣"。公元前2世纪(西汉)以后，随着提花机的发明，纺、绣技术迅速提高，不但能织出薄如蝉翼的罗纱，还能织出构图千变万化的锦缎，使中国在世界上享有"东方丝国"之称，对世界文明产生过相当深远的影响，是世界珍贵的科学文化遗产的重要组成部分。同时，我国古代纺织有着与西方国家不同的技术，总结这些经验，继承和发扬这种创造精神，对我国纺织工业的现代化进程将有着积极的作用。

　　古今纺织设备和工艺流程的发展都是为应用纺织原料而设计的，因此，原料在纺织技术中占有十分重要的地位。古代世界各国用于纺织的纤维均是天然纤维，一般是麻、毛、棉三种短纤维，古代中国除了使用这三种纤维外，还大量使用长纤维——蚕丝。蚕丝在所有天然纤维中是最长、最优良、最纤细的纺织原料，可以织出各种复杂的花纹提花织物。丝纤维的广泛利用，极大地促进了中国古代纺织机械和纺织工艺的进步，从而形成了以丝织生产技术为主的最具特色和代表性的纺织技术。

在工艺美术中，纺织品的美术设计习惯以"染织"统称。也就是说，不论棉、毛、丝、麻和现代人造纤维、合成纤维的织成品，凡是织花和印花，都属于这个范围。其实，就劳动和生产的分工看，织花与印花除了在图案结构上有某些相同的因素外，工艺上完全是两回事。假如再进一步，丝织和毛织(包括地毯)、棉布印花和丝绸印花，从美术设计到工艺生产上也有很大区别。这还仅是针对匹料而言，如果把一些单件的小型的染织物也算进去，如壁挂、台布、床单、毛巾、手帕和各种针织品，则要更加复杂。

印染中染色和印花既是两种工作，却又不能分开。色布与花布的区别是很明显的，但从事印花者若不懂染色那是不可想象的。事物总是由简而繁、由单一到多样、由初级到高级地向前发展。我们应该从过去的经验中找出带有规律性的东西，从中受到教益和启发。譬如说，当我们看到蓝印花布的富有节奏的密点碎线，蜡染的冰凌似的蜡花，以及扎染的斑斓色晕的花团，除了研究它那美丽的图案之外，还应了解其产生的方法，是怎样凭借简单的工具和天然的材料，在工艺的制约和艺术的适应之关系上处理得如此巧妙。

本书主要介绍了中国古代纺织与印染技术的发展历程，全书内容包括：古代的葛麻纺织、古代的棉毛纺织、古代的丝绸纺织、古代的染整技术、古代纺织技术与机具等。

目录

第一章 古代纺织发展简史

第一节 纺织综述 …… 2

纺织的概念 …… 2

纺织常用术语 …… 3

纺织品的分类 …… 4

无纺织布 …… 6

第二节 先秦纺织 …… 9

原始社会时期的纺织起源 …… 9

夏商周时期的纺织 …… 11

第三节 秦汉六朝纺织 …… 14

秦汉时期的纺织业 …… 14

三国两晋南北朝时期的纺织 …… 16

第四节 隋唐宋元纺织 …… 17

繁荣发展的隋唐纺织业 …… 17

宋元纺织技艺的创新 …… 19

第五节 明清纺织 …… 22

神州遍地植棉桑 …… 22

日益发展的纺织业 …… 24

第二章 古代葛、麻纺织

第一节 说葛道麻话纺织 ·························· 28

葛的利用 ································· 28

布衣和麻纺织 ··························· 29

麻织品 ································· 30

苎麻与夏布 ···························· 31

第二节 麻葛纺织的发展 ·························· 34

古代的麻葛纺织生产 ····················· 34

丰富多彩的麻葛织品 ····················· 36

麻类作物和麻纺织业的地区分布 ·············· 37

麻纺织技术的继续发展和变化 ················ 38

第三章 古代棉毛纺织

第一节 古代棉纺织 ···························· 42

古代棉纺织综述 ························· 42

古代边疆地区的棉纺织业 ··················· 43

从边疆走向全国的棉纺织业 ················· 45

鼎盛发展的清代手工棉纺织业 ··············· 47

手工棉纺织业的解体 ····················· 50

机器棉纺织业的产生与发展 ················· 52

第二节 古代毛纺织 ···························· 55

毛类纤维的种类 ························· 55

毛纤维的初加工技术 ····················· 58

毛纺织技术 ···························· 59

毛纺与毛毯技术的发展 ···················· 61

第四章　古代丝绸纺织

第一节　丝绸发展的历程 ················· 64

从考古文物看蚕桑丝绸的起源 ········· 64

商周时期蚕桑丝绸生产的普遍兴起 ····· 66

战国秦汉时期丝绸纺织的发展 ········· 66

魏晋隋唐五代的蚕桑丝织业 ··········· 68

宋元明清丝绸纺织的发展 ············· 69

近代丝绸纺织的发展 ················· 70

第二节　丝绸的纺织与加工技术 ········· 72

丝线的形成与加工 ··················· 72

缫丝 ······························· 74

练丝和练帛 ························· 76

第三节　古代主要的丝绸品种 ··········· 78

纱：嫌罗不著爱轻容 ················· 78

罗：罗纨绮缋盛文章 ················· 79

缎：纤华不让齐纨 ··················· 81

绮：同舍生波皆绮绣 ················· 81

绫：异彩奇纹相隐映 ················· 82

锦：锦床晓卧肌肤冷 ················· 83

缂丝：通经断纬显奇功 ··············· 86

第五章　古代纺织机具

第一节　缫丝与络丝机具 ··············· 90

缫车的发展与改进 ··················· 90

络车的发展 ························· 92

第二节　纺纱机具 ……………………………… 93

原始的纺纱工具——纺缚 ………………………… 93

古老纺车两千年 ……………………………… 95

第三节　织造机具 ……………………………… 100

原始织机——踞织机 ……………………………… 100

斜织机的演进 ……………………………… 102

多种多样的原始腰机 ……………………………… 103

双轴织机 ……………………………… 104

踏板卧机 ……………………………… 104

单动式双综双蹑机 ……………………………… 105

互动式双综双蹑机 ……………………………… 106

提花机及其革新 ……………………………… 106

罗机 ……………………………… 108

织梭光景去如飞 ……………………………… 110

第六章　古代纺织纹样与刺绣工艺

第一节　寓意深刻的纺织纹样 ……………………… 114

纺织纹样的历史演变 ……………………………… 114

纺织纹样表达的通常手法 ……………………………… 115

典型的纺织纹样 ……………………………… 116

织物纹样的方式 ……………………………… 118

第二节　古代刺绣工艺 ……………………………… 120

画金刺绣满罗衣 ……………………………… 120

刺绣的针法 ……………………………… 122

刺绣的绣法 ……………………………… 123

刺绣的绣品 ……………………………… 124

第七章　古代纺织文化

第一节　纺织文化概说 ·································· 126

纺织文化的内涵 ·································· 126

纺织器物与文化 ·································· 128

纺织与习俗 ·································· 129

纺织与文学 ·································· 130

第二节　科技著述传睿智 ·································· 132

贾思勰与《齐民要术》 ·································· 133

秦观与《蚕书》 ·································· 135

楼璹与《耕织图》 ·································· 135

元代官纂《农桑辑要》 ·································· 137

王祯及其《农书》 ·································· 138

薛景石与《梓人遗制》 ·································· 139

徐光启与《农政全书》 ·································· 140

宋应星与《天工开物》 ·································· 141

杨屾与《豳风广义》 ·································· 142

第八章　古代印染技术

第一节　古代印染史话 ·································· 146

古代印染概述 ·································· 146

原始时代的纺织与印染 ·································· 147

商周时代的丝织和染色 ·································· 148

唐代的染缬 ·································· 152

宋元的浆水缬和药斑布 ·································· 154

明代民间棉布染踹整理业的勃兴 ·································· 155

清代印染、踹布业的大发展 ·································· 157

明清时期的印花布 ……………………………………… 159

第二节　染料与染色 …………………………………… 162

中国古代的染彩 …………………………………………… 162

"五色土"及矿物染料的应用 ………………………… 163

五彩缤纷的植物染料 …………………………………… 164

媒染剂的应用 …………………………………………… 165

第三节　古代印染技术 ……………………………… 167

染缬的种类 ……………………………………………… 167

印染工艺的前身——画缋 …………………………… 168

绞缬 ……………………………………………………… 169

凸版印花 ………………………………………………… 171

夹缬 ……………………………………………………… 172

蜡缬 ……………………………………………………… 173

印金 ……………………………………………………… 174

拔染印花 ………………………………………………… 176

第四节　织物整理技术 ……………………………… 177

织物的熨烫整理 ………………………………………… 178

织物的涂层整理 ………………………………………… 179

织物的砑光整理 ………………………………………… 180

参考书目 ………………………………………………… 182

古代纺织发展简史

　　中国是历史悠久的文明古国，纺织文化和农业文明一样古老。五千年桑麻、棉毛纺织史伴随着华夏文明的进步历程，以其博大精深的文化底蕴，渗透到人们生活的方方面面。

第一节
纺织综述

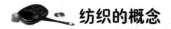 **纺织的概念**

纺织是纺纱与织布的总称。中国古代的纺织技术具有非常悠久的历史。早在原始社会时期，古人为了适应气候的变化，为了御寒的需要，已懂得就地取材，利用自然资源作为纺织的原料，并且发明出简单的纺织工具。

"纺织"一词中的"纺"字，从"糸"从"方"，"糸"指"丝线"，"方"指"方国"。"糸"与"方"联合起来表示"国家统一收购和分配的纱线"。"织"字繁体从"糸"从"戠"。"戠"本指军阵的操演，引申指类似团体操表现的图案。"糸"和"戠"联合起来表示"在纺布过程中加入彩色丝线构成图案"。

纺织大致分为纺纱与编织两道工序。中国纺织的起源相传由嫘祖养蚕治丝开始，考古学家在旧石器时代山顶洞人的考古遗址上发现了骨针，这是目前已知纺织最早的起源。至新石器时代，发明了纺轮，使得治丝更加便捷。西周时期则出现了原始的纺织机：纺车与缫车。汉朝时发明了提花机，宋朝宋应星编撰的《天工开物》一书已将纺织技术编入其中。

中国最著名的纺织品莫过于丝绸，丝绸的交易带动了东西方的文化交流与交通的发展，也间接影响了西方的商业与军事。

纺织常用术语

 1. 经向、经纱、经纱密度

经向指面料长度方向；该向纱线称作经纱；其10厘米内纱线的排列根数称为经密（经纱密度）。

2. 纬向、纬纱、纬纱密度

纬向指面料宽度方向；该向纱线称作纬纱；其10厘米内纱线的排列根数称为纬密（纬纱密度）。

现代自动化纺织机器

 3. 密度

密度指用于表示梭织物单位长度内纱线的根数，一般为10厘米（或1英寸）内纱线的根数。中国国家标准规定使用10厘米内纱线的根数表示密度，但纺织企业仍习惯沿用1英寸内纱线的根数来表示密度。如通常见到的"45×45/108×58"，表示经纱、纬纱分别为45支，经纬密度分别为108、58。

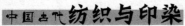

4. 幅宽

幅宽指面料的有效宽度，一般习惯用英寸或厘米表示，常见的有 36 英寸、44 英寸、56 英寸、60 英寸等，分别称作窄幅、中幅与宽幅。高于 60 英寸的面料为特宽幅，一般常叫作宽幅布，当今中国特宽面料的幅宽可以达到 360 厘米。幅宽一般标记在密度后面，如 45×45/108×58/60，即幅宽为 60 英寸。

5. 克重

面料的克重一般为每平方米面料重量的克数。克重是针织面料的一个重要技术指标，粗纺毛呢通常也把克重作为重要的技术指标。牛仔面料的克重一般用"盎司（OZ）"来表示，即每平方码面料重量的盎司数，如 7 盎司、12 盎司牛仔布等。

6. 色织

色织也称作"先染织物"，是指先将纱线或长丝经过染色，然后使用色纱进行织布的工艺方法。牛仔布以及大部分的衬衫面料都是色织布。

纺织品的分类

1. 按不同的加工方法分类

（1）机织物。指由相互垂直排列即横向和纵向两系统的纱线，在织机上根据一定的规律交织而成的织物。如牛仔布、织锦缎、板司呢、麻纱等。

（2）针织物。指由纱线编织成圈而形成的织物，分为纬编和经编。纬编针织物是将纬线由纬向喂入针织机的工作针上，使纱线有顺序地弯曲成圈，并相互穿套而成。经编针织物是采用一组或几组平行排列的纱线，于经向喂入针织机的所有工作针上，同时进行成圈而成。纬编针织物用于毛衫和袜子等，经编针织物常用作内衣面料，手工编制也是纬编的编制方法。

（3）非织造布。将松散的纤维经黏合或缝合而成。目前主要采用黏合和穿刺两种方法。用这种加工方法可大大地简化工艺过程，降低成本，提高劳动生产率，具有广阔的发展前途。

 2. 按构成织物的纱线原料分类

（1）纯纺织物。指构成织物的原料都采用同一种纤维，有棉织物、毛织物、丝织物、涤纶织物等。

（2）混纺织物。指构成织物的原料采用两种或两种以上不同种类的纤维，经混纺而成纱线所制成，有涤粘、涤腈、涤棉等混纺织物。

（3）混并织物。指构成织物的原料采用由两种纤维的单纱，经并合而成股线所制成，有低弹涤纶长丝和中长混并，也有涤纶短纤和低弹涤纶长丝混并而成股线等。

（4）交织织物。指构成织物的两个方向系统的原料分别采用不同纤维纱线，有蚕丝人造丝交织的古香缎，尼龙和人造棉交织的尼富纺等。

 3. 按构成织物原料是否染色分类

（1）白坯织物。指未经漂染的原料经过加工而成织物，丝织中又称生货织物。

（2）色织物。指将漂染后的原料或花式线经过加工而成织物，丝织时又称熟货织物。

 4. 新颖织物分类

（1）黏合布。指由两块互相背靠背的布料经黏合而成。黏合的布料有机织物、针织物、非织造布、乙烯基塑料膜等，还可将它们进行不同的组合。

（2）植绒加工布。指在布料上布满短而密的纤维绒毛，具有丝绒风格，可作衣料和装饰料。

（3）泡沫塑料层压织物。指将泡沫塑料黏附在作底布的机织物或针织物上，大多用作防寒衣料。

（4）涂层织物。指在机织物或针织物的底布上涂以聚氯乙烯（PVC）、氯丁橡胶等而成，具有优越的防水功能。

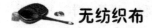

 无纺织布

无纺织布是指采用非传统纺织方法制成的具有织物性能的"布"。我们的祖先就用兽毛成毡和丝絮成布的办法制成了最早的无纺织布。

1. 毛制无纺布——毛毡

北方草原上常用的帐篷就是青毡帐，而做青毡帐的毛毡，就是一种典型的无纺织布。

毡的生产，由来已久。我国的西北和北方有着水草丰茂、一望无际的大草原，这是一片天然的牧场。早在新石器时代以前，我们的祖先就懂得利用草原放牧。随着畜牧业的发展，羊毛、骆驼毛增多了，人们便把羊毛、骆驼毛铺在地上睡觉，不仅松软舒适，且能御寒防潮。大人、小孩都在上面坐、卧和践踏，天长日久，松散的兽毛在压力、湿气和体温的交互作用下，逐渐变成紧密的毛块了。毛块比松散的毛搬动起来既方便又耐用；遇到下雨，把它顶在头上可以滴水不漏。这引起了游牧人的兴趣。

据《新疆图志》记载，居住在新疆的少数民族做毡的方法，是把洗净的羊毛摊在茇茇草做的帘子上，手持柳条将羊毛拍均匀，并浇上开水，然后，将铺上羊毛的帘子紧紧地卷起来，或是用驴、马拖着石头碾子在上面碾压，使羊毛结成毛毡。这样，"四人日可成四毡"。制毡当时在西北和北方都有。

通过长期的反复实践，人们逐渐掌握了用毛制毡的温度、湿度和挤压力三者的关系，形成了一套完整的加工技艺。

用毛制毡的技术，早在周朝时已有了，当时设有专门掌握这方面生产的官，"周官掌皮供毳为毡"。据《周礼》记载，毡的构造无经纬向之别，表面也没有织造和缝纫的纹迹，它无须纺纱、织造。《说文解字》等古书中，也讲到毡是用兽毛为原料，靠弯弯曲曲的毛纤维互相缩缠而成。

到了汉代，制毡技艺在我国北方少数民族地区有了进一步发展。汉元帝时，王昭君远嫁匈奴单于，曾讲到那里已利用毡来做帐篷。汉末蔡文姬曾作有《胡笳十八拍》词曲，其中就有"毡裘为裳兮"的句子。可见，那时制的毡由于加工较精，性能较好，不仅可以用来做帐篷，而且还可以做衣服。

少数民族创造的制毡技术传入中原地区以后，很快与当地精巧的刺绣技术相结合，使得毛毡产品更加绚丽多彩，使用范围也进一步扩大。用大块的

毛 毡

粗厚毡做帐篷的称"帐毡";精细一些、铺在床上的称"张毡";细而柔软可做服装的名"裳毡";饰以美丽花纹的薄毡叫"华毡"。北宋时,西南大理一带的少数民族,白天用毡披身,夜晚用毡铺卧。至今,西南地区一些少数民族仍有披毡的习惯。

制毡的原料除羊毛外,驼毛、牦牛毛等都可用,但质量以羊毛最优。北魏贾思勰在《齐民要术》一书中对制毡技术作了很好的总结,如对原料的选择,认为"春毛、秋毛中半和用,秋毛紧强,春毛软弱,独用太偏,定以须杂"。由于原料的扩大和合理使用,毡的生产也逐步扩大了。唐以及五代,有了专门的毡坊。元代的毡坊规模更大,有的工场达两万多户。毛毡产品有内绒披毡、衬花毡等,名目繁多;颜色有深红、粉红、青、柳黄、柿黄、明绿、银褐等,五彩缤纷,显示了制毡工艺的进步。

由于毛毡的各种优良特性,随着它的产量和品种不断增加,毡帽、毡鞋、毡衣、毡毯、毡帐等已成为我国劳动人民,尤其是蒙古族、维吾尔族、藏族等兄弟民族日常生活中不可缺少的必需品了。

 2. 丝制无纺布——丝絮为布

据记载,我国早在春秋时代就有了丝絮布。当时的宋国,土地肥沃,气候温暖,桑蚕兴盛,手工丝织比较发达。人们把那些难以缲丝的茧衣和缲丝剩下的丝脚,用沸水煮脱丝胶后,拿到小河中边敲边洗,洗净后摊在竹帘上晒干拉松,便可得到轻暖的丝绵。这种制取丝绵的方法一直沿袭到清朝。

丝制无纺布指的不是丝绵，而是收去丝绵以后留在竹帘上的一层薄薄的丝纤维绒毛片，它就是含有丝胶的短丝组成的"丝絮布"。人们曾经把那密实、挺括、有一定强度的丝絮布作为布帛的代用物，也有人拿来在上面作文写字，称它为"原始纸"。

古时称丝絮布为"赫蹏"。随着生产的发展和封建地主阶级统治的巩固，在文化方面的需要也逐渐增多。丝絮布比缣帛便宜，它成了书文作画的"纸"。官方经常用它来写布告，颁布一些政策、法令。社会对丝絮布的需要量与日俱增，而它因为没有足够的原料——蚕丝下脚，产量总是供不应求。于是人们设法寻找新的原料来源，如用大麻、苎麻下脚制取絮布。这种用大麻、苎麻等纤维制的无纺织絮布，在考古发掘中已有发现。

用动植物纤维制成的无纺布，在历史上除了大量用于写文作画，当"纸"使用之外，我国贫苦的劳动人民还用它"造祅为衣"。据说这种纤维絮布做的衣服，穿在身上"外风不入而内气不出"，保暖性强。另外还用来制鞋，或作铠甲、绵甲。做甲的絮布极其柔软，纤维各向分布均匀，将其一层层叠到三寸左右，用铁钉密钉成铠甲，或用线密密缝纫成绵甲。穿上这种甲作战，如遇雨天，效果更好，连箭都射不穿。有的用絮布做帐子，帐顶用稀布，"取其透气"，帐面四周的絮布上彩绘山水风景，人睡在里面颇有身临其境之感。

我国无纺织布，无论是干法制的毡块，还是湿法制的丝絮布；无论是铁钉钉成的铠甲，还是用线缝纫的绵甲，历史都相当悠久，充分显示了我国各族人民无穷的聪明才智。

知识链接

黎锦先祖"吉贝布"

　　海南岛黎族民间织锦有悠久的历史。黎锦堪称中国纺织史上的"活化石"，历史已经超过3000年，是中国最早的棉纺织品，堪称中国纺织艺术的一朵奇葩。早在春秋战国时期，史书上就称黎锦为"吉贝布"，其纺织技艺领先于中原1000多年。海南岛因黎锦而成为中国棉纺织业的发祥地。黎锦的特点是制作精巧，色彩鲜艳，富有夸张和浪漫色彩，图案花纹精美，配色调和，鸟兽、花草、人物栩栩如生，在纺、织、染、绣方面均具有本民族特色。

第二节
先秦纺织

 原始社会时期的纺织起源

中华大地是一个重要的人类发祥地。在有文字记载以前，人类曾走过一个十分漫长的原始阶段。

1929 年 12 月 2 日，北京城西南周口店龙骨山上，经过考古发掘，一颗完整的远古人类的头骨化石重见天日。经专家测定，这颗石化了的人类头骨已经在山洞里默默沉睡了 50 万年，人们称为"北京人"。后来，在对周口店山顶洞人遗迹的进一步发掘中，又发现一枚距今已达 18000 多年的骨针。骨针全长 82 毫米，直径 3.1—3.3 毫米，针尖锐利，针体圆滑，针孔窄小，说明山顶洞人远在旧石器时代就已经初步掌握了缝制技能，开始不再赤身露体了。

后来，人类在创造衣着的劳动实践中，经过漫长岁月的寻觅和探索，逐渐发现了植物中的韧性纤维，发现了桑蚕吐丝的奥秘，找到了利用植物纤维和蚕丝的方法，开始种葛种麻植桑养蚕缫丝的劳动。从此，人类衣着走上了真正辉煌的路程。

根据考古研究，在距今五六千年前的新石器时代晚期，华夏先民已开始使用纺轮捻线，用原始织机织麻布，用骨针缝制衣服。在现今黄河流域及江淮地区，曾多处发掘出石制或陶制的纺轮、骨针、骨锥等原始的纺织和缝纫工具。虽然远古先民用葛麻织布的方式还十分简陋，但就是这些最原始的纺织机具对人类文明创成产生了划时代的意义。河南三门峡庙底沟和陕西华县泉护村新石器时代遗址中，在出土的陶器上面都曾发现布纹痕迹。1926 年在山西夏县西阴村出土的仰韶遗存中，曾发现有半个人工割裂的茧壳，说明当时已懂得育蚕。1959 年在江苏吴江梅堰出土的黑陶器上，发现了生动形象的蚕的纹样。1977 年浙江河姆渡遗址，又出土了一件牙雕小盅，盅壁上雕刻着四条宛若蠕动着的家蚕。最能直接说明纺织技术状况的是 1958 年浙江吴兴钱山漾发掘的新石器时代文化遗址，出土了

半坡氏族织布示意图

不少纺织品，分别为麻、丝两种原料。麻布片为苎麻质，平纹组合；绢片、丝带和丝线等，原料为家蚕丝。

考古实物充分证明，我们的祖先早在五六千年前，就已经掌握纺织技术了。而这时，正是人文始祖"黄帝垂衣裳而天下治"的上古时代，也正是嫘祖教民养蚕制衣的时代。据史书记载，嫘祖是黄帝的元妃，乃西陵氏之女，"以其始蚕，故又祀先蚕"，就是把嫘祖当蚕神祭祀。所以，嫘祖始衣帛、育蚕且种桑的传说，便深深地扎根于人民心中了。

我们的祖先，从裸体到披兽皮、树叶，然后发展到利用植物表皮编结网衣，进一步将撕扯细了的葛、麻纤维用手搓捻后编织成衣物……最后终于出现了利用简单的工具纺缚纺纱和用踞织机编制织物，揭开了人类纺织生产的序幕。

总之，我国纺织在经历原始社会的漫长发展时期后，人们的衣着进化到了用五彩的锦帛做衣裳，而且注意到了衣服的文采、样式、质地。纺织品的多样复杂，代表了这一历史时期的纺织工艺的成就，也表明了社会经济已呈现出一派繁荣景象。

夏商周时期的纺织

夏商周三代，历时1600多年，是中国的奴隶社会阶段。在夏商周时期，奴隶被越来越多地投入到生产各领域。随着农业的发展，手工业也更加发达起来。当然和其他手工业一样，丝、麻纺织工业相当发达。以产品种类来看，那时的丝、麻纺织手工业中已有了固定的内部分工，出现了专业的作坊。

蚕桑丝织业在我国有着十分悠久的历史。在先秦时期已经有了相当的发展。先秦各个时期的统治者无不重视发展农桑，奖励耕织。商代奴隶主贵族强迫奴隶进行大规模

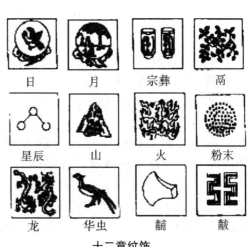

十二章纹饰

日　月　宗彝　藻

星辰　山　火　粉末

龙　华虫　黼　黻

的集体耕作，农业有了较大发展。当时的农产品种类很多，作为农业的副业——桑麻，也大量发展起来。随着生产技术水平的提高，商代蚕桑也发展起来，缫丝、纺织、缝纫都很繁荣。和麻织品相比，丝织品更加光泽、细密、鲜美、柔滑，为奴隶主所喜爱，因此纺织工业被奴隶主所垄断，奴隶主穿丝帛，奴隶们穿用的都是麻布。周代是我国奴隶制繁盛的时期，经济比商代有了更大的发展。具有传统性能的简单机械缫车、纺车、织机等相继出现，还形成了纺织中心。根据历史记载，我国最早出现的纺织中心，可以追溯到2500年前左右，即春秋时期，在以临淄为中心的齐鲁地区。当时另有一纺织中心是以陈留、襄邑为中心的平原地区，该地区生产的美锦，与齐鲁地区的罗纨绮缟齐名，也是当时的名产，直到汉末三国时期，还很兴盛。我国古代劳动人民用自己的智慧和双手，创造了纺织工艺的高度成就。使我国远在公元前六七世纪时，即我国的春秋时期，就已经成为世界闻名的"丝绸之国"了。

如果说衣着服饰使人类最终走出了野蛮，步入文明，是其所扮演的第一个文化角色；那么，它的第二个文化角色，就是它在阶级社会中，成为人的社会地位的象征符号。

自夏商开始，中国出现了衣冠制度，到西周时，这种制度已基本完善。衣冠制度规定不同人的服饰冠履，须与自己的身份相符合。《周礼·春官·典瑞》中称："辨其名物，与其用事，设其服饰。"这里明确提出，设服饰的目的就在于辨别等级，区分尊卑。这样，服饰事实上成了一种社会身份标识物。自商周以后，章服之制统治中国几千年，十二章纹样就是区分等级与权威的最初尝试。穿衣服要尊卑贵贱各有分别，朝野、吉凶各循其制。上自帝王后妃，下及百官命妇，以至平民百姓，服饰形制各有等差，强制人们凡服饰须尊礼典，非礼法规定的衣服，不得着之于身，不得穿比自己身份高的服饰，否则即是僭越。衣着织物由此成为创建人类社会秩序、维护阶级统治的一种具有约制力的手段。

战国时期是我国封建社会的形成时期。从春秋末年到战国中期的200年间，封建土地所有制逐步确立。地主阶级为了争取庶民在经济和政治上的支持，不得不稍微改善了劳动者和平民的地位。劳动者地位的提高是奴隶制过渡到封建制的根本原因，也是当时社会生产力迅速提高的根本原因。在这些背景下，战国时期纺织手工业在生产技术方面得以迅速提高。

战国时期，纺织工业部门不断扩大，产品日趋多样，生产不断增长，技术不断提高。根据文献和近些年来考古发掘的文物来看，纺织手工业在当时已有了辉煌的成就，不仅在北方比较发达，而且在南方也占有重要的地位，在工艺上达到了很高的水平。纺织手工业产品多而精，在贵族中间已普遍穿着，丝织物在贵族宫廷里已成为不甚珍贵之物。根据出土的麻葛丝帛的遗留物，都可以推断当时的纺织工艺已经十分发达。蚕丝缕细而弱，缫丝要用缫车，络丝要用络车，织帛要用轻轴，这些复杂的工具，都是随着丝缕的需要、丝织物的发展而发展的。

战国时代的纺织工艺是我国古代纺织历史上灿烂的一页，在我国历史和文化遗产上占有重要的地位。战国时期劳动人民在纺织技术和艺术上的创造性，为我国纺织工艺做出了伟大的贡献。

知识链接

乾隆皇帝龙袍上的十二章纹

古代帝王的服饰上绣有各种寓意吉祥、色彩艳丽的纹饰图案。如龙纹、凤纹、蝙蝠纹、富贵牡丹纹、十二章纹、吉祥八宝纹、五彩云纹等。这些图案只为封建社会里的帝王和少数高官所使用，并不普及。如龙、凤纹向来是帝、后的象征，除了帝、后之外任何人不得使用。十二章图案，自它在中国图纹中出现就是最高统治者的专有纹饰，一直到封建帝制的灭亡，只应用在帝、后的服饰和少数亲王、将相的服饰上，从未在民间出现过。

在北京艺术博物馆收藏着一件清乾隆明黄缎绣五彩云蝠金龙十二章吉服袍。此袍严格按照繁缛复杂的清代服饰制度制作。据《清史稿·志七十八·舆服志》记载："龙袍，色用明黄。领、袖俱石青，片金缘。绣文金龙九。列十二章，间以五色云。领前后正龙各一，左、右及交襟处行龙各一，袖端正龙各一。下幅八宝立水，襟左右开，棉、袷、纱、裘，各惟其时。"

说明到了清代对龙袍在形制、制作工艺、装饰图案以及对于衣服的色彩上都规定得十分严谨苛刻。

第三节
秦汉六朝纺织

 秦汉时期的纺织业

秦汉时期，纺织文化走向辉煌，主要表现在以下几个方面：

 1. 蚕桑种植的广泛普及

在统一后的华夏大地上，"男乐其畴，女修其业"。无论是汉乐府民歌《陌上桑》中罗敷采桑的传奇，《孔雀东南飞》中刘兰芝"十三能织素，十四学裁衣"的述说，还是《汉书·地理志》中"男子耕种禾稻，女子桑蚕织绩"的记载，都反映了当时桑麻纺织作为妇女生产劳作的基本功已十分普及。

在考古发掘中，四川德阳汉墓出土的"桑园"图砖，成都出土的"桑园"画像砖，都生动地再现了青丝高挽的织妇在桑园中劳动的景象。内蒙古和林格尔县发现的汉代墓葬，后室内壁画着一幅庄园图，上有女子在大片丛林中采桑，旁边置有筐箔之类器物，反映出庄园内兴旺的蚕桑之业。1972年嘉峪关附近的戈壁滩上发掘出东汉晚期砖墓，其中大量彩绘壁画和画像砖，描绘着妇女在树下采桑，儿童在桑园门外驱赶鸟雀，身边有置放蚕茧的高足盘、丝束、绢帛和生产工具等，画面丰富而生动，说明当时农桑之繁盛、农桑地域之广泛已不仅局限于中原地区。早在秦汉之前，我国劳动人民就在西南地区、西北地区、长城内外、大江南北等广阔土地上，开创出安定繁荣的农桑生产局面。

 2. 纺织品产量大、品种多、质量精

由于农桑业的迅速发展，华夏大地遍植桑麻，使得绢帛生产数量十分惊人。据《汉书·平准书》记载，在天府年间，官府每年收集民间贡赋绢帛约在 500 万匹以上。按当时规定幅宽二尺二寸、匹长四丈计算，约合当今 2400 万平方米之多。这在约有 5000 万人口的汉代，产量已是十分可观。

秦汉时代丝织品产地遍及全国，但仍以齐、蜀为大宗。当时的临淄锦、襄邑锦以及成都的蜀锦享誉全国。同时，北方的亢父、清河、东阿、巨鹿以及边远的河内，都是著名的丝帛绢布的产地，甚至西南、西北的少数民族地区也有布帛生产。云南晋宁县石寨山发掘出大批西汉时期的墓葬，其中一些器物上就雕铸着女奴从事纺织生产的场面。当时，西南少数民族地区生产的斑布蓝兰干布、白越布等都很有名。新疆民丰县发掘出的东汉墓葬，不仅有丝织品、毛织品，还发现有棉织品，证明我国的棉织印染业，早在 1700 多年前，就已流传到新疆地区，当时的新疆葛、麻、丝、毛、棉等各类天然纤维织物基本已经齐全。

汉代纺织物非常精美，现在可见的汉代纺织品以湖北江陵秦汉墓和湖南长沙马王堆墓出土的丝麻纺织品数量最多，品种花色最为齐全，具有代表性的有对鸟花卉纹绮，仅重 49 克的素纱单衣，隐花孔雀纹锦，耳环形菱纹花罗，绒圈锦和凸花锦等高级提花丝织品；还有第一次发现的泥金银印花纱和印花敷彩纱等珍贵的印花丝织品。沿丝绸之路出土的汉代织物更是绚丽灿烂。1959 年新疆民丰尼雅遗址东汉墓出土有隶体"万世如意"锦袍和袜子及"延年益寿大宜子孙"锦手套以及地毯和毛罗等名贵品种，并首次发现了平纹棉织品及蜡染印花棉布。织物品种如此复杂，得益于

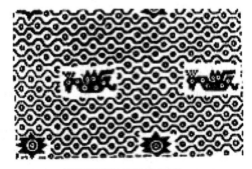

西汉隐花波浪孔雀纹锦

织物的工具和工艺的先进，如广泛地使用了提花机、织花机等专门器具。

3. 技术设备先进，社会影响广泛

成书于东汉后期的《四民月令》中，记载着从养蚕到缫丝、织缣、擘绵、治絮、染色等全部生产过程，说明养蚕织帛的技术程序已经从织妇相从相习中走上文字传播的渠道。汉代农学家氾胜之曾总结先人养蚕方法上书朝廷，以其"忠国爱民"的至诚受到世人的肯定。由此可见，当时桑麻技术已经走上成熟，传播也十分广泛了。

秦汉时期的纺织机具，除了纺轮、纺缚之外，在多处发掘的汉代画像石中，还可见到络车、纬车、织机等纺织画面。

桓宽《盐铁论·散不足篇》曾指出："夫罗纨文绣者，人君后妃之服也，茧纳缣练者，婚姻之嘉饰也。"纺织品给贫富贵贱者做出了明显的标识。皇帝赏赐臣下，动辄帛絮千万，一次赠匈奴单于竟达千匹、万匹之数。当时的一些权贵幸臣竟至"柱槛衣以绨锦"，犬马"衣以文绣"，而边郡戍卒却只有八综布御寒，平民百姓则连破衣烂衫也难得拥有了。

高度发展的纺织业，带来社会经济的繁荣，不仅内地市场大量交易，而且远销边境少数民族地区，加强了民族间的经济往来，甚至朝鲜、蒙古、印度、中亚、欧洲都有商人贩运中国丝绸织物。

三国两晋南北朝时期的纺织

魏晋南北朝时期丝织品仍然是以经锦为主，花纹则以禽兽纹为特色。1959 年新疆和高昌国吐鲁番墓群中出土有方格兽纹锦、夔纹锦、树纹锦以及禽兽纹锦等。

秦汉以后，长江流域进一步被开发，三国时吴国孙权对蚕桑相当支持和重视。孙权曾颁布"禁止蚕织时以役事扰民"的诏令，可知吴国桑蚕生产已经具有相当的规模。但与魏、吴相比，蜀地的织锦业更为发达，古蜀地有着悠久的蚕桑丝绸业历史。到三国时，刘备在蜀地立都，诸葛亮率兵征服苗地时，曾到过大小铜仁江。那时流行瘟疫，男女老少身上相继长满痘疤，诸葛亮知道后派人送去大量丝绸给病人做衣服被褥，以防痘疤破裂后感染，使许多人恢复了健康，蜀军也因此赢得了苗族人民的心。不仅如此，诸葛亮还亲自送给当地人民织锦的纹样，并向苗民传授织锦技术，鼓励当地百姓缫丝织锦，栽桑养蚕。苗民在吸收蜀锦优点的基础上，织成五彩绒锦，后人为纪念诸葛亮的功绩，将之称为"武侯锦"。

 知识链接

提花机的发明

陈宝光妻，女，西汉昭帝、宣帝时织绫艺人，姓名不详，钜鹿（今河北平乡）人。《西京杂记》记载："霍光妻遗淳于衍蒲桃锦二十四匹，散花绫二十五匹。绫出钜鹿陈宝光家。宝光妻传其法，霍光召入其第，使作之。机用一百二十蹑，六十日成一匹，匹值万钱。"这段话的意思是说汉昭帝时巨鹿纺织大户陈宝光之妻创造的高级提花机，具有120蹑，须60天织成一匹，以蒲桃锦、散花绫著称，一匹值万钱。临邑锦、襄邑锦、蜀锦匹价也在两千钱以上。这一传说反映了西汉时中原地区丝织技术的水平。

第四节
隋唐宋元纺织

 繁荣发展的隋唐纺织业

隋朝统一全国后，由于获得了恢复和发展生产的和平环境，农业生产迅速恢复与发展，手工业也日益发展起来，特别是纺织业更有突出的进步。当时河北、河南、四川、山东一带是纺织的主要地区，所产绫、锦、绢等纺织物品非常精良。

据《隋书·地理志》记载，当时"梁州产绫锦，青州产织绣，荆、扬州纺绩最盛"。南昌、苏州的纺织业也发展起来，"一年蚕四五熟，勤于纺绩。亦有夜浣纱而旦成布者，俗呼鸡鸣布"，可见生产能力已相当高。《隋书·何稠传》中记载："波斯尝献金绵锦袍，组织殊丽，上命稠为之，稠锦即成，逾所献者。"说明当时纺织技艺也已十分完善。当时越州进贡的耀光绫，因"绫纹突起，时有光彩"而得名。在新疆吐鲁番阿斯塔那出土的隋代纺织品中，有彩条锦、棋格锦、连珠花锦，连珠圈环团花绮，连珠套环菱纹绮等，都反映了隋唐纺织高度发展的工艺成就。

唐代的丝织业也有很高的成就。唐代特别是唐太宗时期，经济文化极为繁荣。当时的官营手工业有着整套的严密组织系统，作坊分工精细复杂，规模十分庞大。唐代的纺织业十分发达，当时江南有些地区甚至以"产业论蚕议"，也就是以养蚕的多少来衡量人们家产的丰厚程度。正是在这种条件下，唐代的纺织业迅速发展并且取得了高度成就，中国纺织机械也日趋完善，大大促进了纺织业的发展。

据《册府元龟》所载，天宝八年（749年）朝廷所收贡赋，仅纺织品一项，即有绢740多万匹、绵185万屯、布1605万端。这在仅有约5000万人口的隋唐时代，可以说是相当庞大的数字。这一方面反映出当时社会生产的繁荣，另一方面也表明经济实力的强大。

李肇在《国史补》中说，唐代"亳州出轻纱，举之若无，裁以为衣，真若烟霞""宣州以兔毛为褐，亚于锦绮，复有染丝织者尤妙。故时人以为兔

褐，真不如假也"。这说明当时已掌握毛丝混纺的技术，所织产品是非常精良而名贵的。尤其在中唐以后，吴越地区每年向朝廷进贡的缭绫，更是十分精美，白居易在诗中描绘说："缭绫缭绫何所似，不似罗绢与纨绮；应似天台山上明月前，四十五尺瀑布泉。中有文章又奇绝，地铺白烟花簇雪""织为云外秋雁行，染作江南春水色""异彩奇文相隐映，转侧看花花不定。"由此可见隋唐织物的高雅质地与奇绝技艺。

新疆出土的唐代联珠双马纹锦

唐代发明的纬线提花织锦技术，是我国纺织工艺的重大进步，使锦纹配色图案更加丰富多彩。新疆吐鲁番一座唐墓中曾出土过一件女性舞俑短衫，为双面锦剪裁制成，锦地呈沉香色显白色，变体方胜四叶纹图案，为二层平纹织物交织而成。这表明当时的织造技术水平已达到高度成熟的地步。特别是创始于隋唐时代的缂丝技艺，其通经断纬后缂丝托起的纹样轮廓，表里无异，正反一致，宛如刀工镂刻一般，维妙维肖，精美绝伦，呈现出立体感，可谓风格独具。

隋唐时期，织物的花色纹样十分丰富，有如雁衔绶带、鹊衔瑞草、鹤衔方胜，有盘龙、对凤、麒麟、天马、孔雀、仙鹤、灵芝、花草、万字以及折枝散花等。据《册府元龟》记载，代宗曾下诏节约，敕书指出："所织大张锦、软锦、瑞锦、透背、大裥锦、褐鑿锦、独窠、连窠、文长四尺幅独窠吴绫、独窠司马绫……及常行文字绫锦、花中蟠龙、对凤等等，并宜禁断。"说明织物纹样繁缛之费工费时，已达到官府禁限的地步。

隋唐织物图案花纹以布局均衡对称见长，质朴中显现娇媚。如新疆出土的隋唐联珠双马纹锦、联珠孔雀贵字纹锦、花树双羊纹锦、瑞鹿团花锦等，大多上下相衔，左右对称，呈连绵不断回环之状。

宋元纺织技艺的创新

北宋的统一，结束了五代十国分裂割据的混乱局面，迎来了比较安定的生产环境和休养生息的社会局面。为了恢复和发展生产，繁荣社会经济，北宋建立后，实行奖励耕织的政策。朝廷诏命官吏"分诣诸道申劝课桑""专领农田水利"，鼓励垦荒拓田，对增植桑柘的农民，不予加税；要求各地"严限田，抑游手，务农桑"，诏郡县长吏"劝农桑，抑末作，戒苛扰"（见魏光寿《蚕桑粹编》），由此桑蚕耕织得到迅速发展。当时的官府设有专司染织的绫锦院、文思院、内染院、裁造院、文绣院并各地锦院、绣局、织罗务等，雇用大量工匠；还在成都等地设转运司、茶马司，推动着与边远少数民族间的贸易交流，使官营、民营和家庭个体纺织业蓬勃发展起来。两宋染织生产的规模、产量、技艺都较隋唐时期有了飞跃性的发展。

由于宋朝初期不断实施了一些恢复和发展生产的政策，因此纺织业得到高度的发展，遍及全国各地，生产重心也向江浙一带渐渐南移。当时的丝织品中尤以绮绫和花螺为最多。宋代出土的各种罗纺织的衣物中，其螺纹组织

新疆阿拉尔出土的北宋灵鹫纹锦

结构有四经绞、三经绞、两经绞的素罗，有斜纹、浮纹、起平纹、变化斜纹等组成的各种花卉纹花罗，还有粗细纬相间的落花流水提花罗等。绮绫的花纹则以芍药、牡丹、月季、芙蓉、菊花等为主体纹饰。印染品已经发展出描金、泥金、贴金、印金，加敷彩相结合的多种印花技术。宋代的棉织品得到迅速发展，已取代麻织品而成为大众衣料，松江棉布被誉为"衣被天下"，可见其影响之大。

据文献记载，北宋时仅彩锦就有四十多种，到南宋时达到百余种，并且生产出在缎纹底上织花的织锦缎。成语"锦上添花"就是借用这种织物以说明事物好上加好的传神之笔。当时，孔雀罗、瓜子罗、菊花罗、春满园罗等都很名贵，镇江和常州生产的云纹罗也驰名天下。四川成都锦院织造的上贡锦、官诰锦、臣僚袄子锦等按官府需要设计出不同的纹样图案，如盘球、葵花、云雁、真红、宜男、百合、八达晕、天下乐、簇四金雕等，达二十多个品种。为了换取军马，还根据边民的喜好而设计花纹图案，织造出适应少数民族需要的各种花式织物达三十多个品种，其中宝照锦、毯路锦、宜男百子锦、瑞草仙鹤锦、如意牡丹锦、大百花孔雀锦、真红樱桃锦、灵鹫纹锦、大缠枝青红被面锦等最为流行。绫、罗、锦、缎、纱、绢、绸，各地织造并广为穿用的织物品种琳琅满目，纹样繁多。

纺织纹样的繁盛发展不仅反映了纺织工艺技巧的娴熟与高超，同时也反映出民族文化的汇聚与融合。董其昌的《筠清轩阅录》卷下中曾记载，宋元锦样繁多，在大量传统纹样与流行纹样之中，有些冠以特异的纹样称谓，如金国回纹花锦、高丽国白鹫锦、辽国白毛锦等，十分明显地突出了异域特征。

在纺织工艺方面，深受人们珍爱的缂丝技艺也进入了鼎盛时期。当时北方的定州缂丝生产最为出名，后来逐渐南移，在杭州、松江、苏州一带逐渐繁荣发展起来。南宋时运用子母经的缂法，缂制效果十分工丽，丝纹匀细胜于工笔绘画，以至于竟以名人书画作纹本，力求实现书画原作的笔意神韵。

一些山水、楼台、人物、花鸟缂丝作品，装裱成挂轴，几可夺丹青之妙，达到维妙维肖、宛若天成的艺术境地。

宋元时期，我国的染缬技艺已很盛行，当时嘉定及安亭镇染缬的药斑布，青白相间，可呈现人物、花鸟、诗词等各色图案，以"充衾幔之用"。在西南少数民族地区，"瑶人以染蓝布为斑，其纹极细。其法以木板二片镂成细花，用以夹布，而熔蜡灌于镂中，而后乃释板取布投诸蓝中，布既受蓝，则煮布以去其蜡，故能受成极细斑花，灿然可观，故夫染斑之法，莫瑶人若也"（周去非《岭外代答》）。这种蜡染技艺以其独特的风格韵味，一直流传至今。

进入宋元以后，我国东南闽粤地区种棉渐盛，并从江南逐渐扩展到中原地区，棉纺织技术也由此推广开来。

元代时，黄道婆由海南黎族带到长江下游松江一带的棉纺织技术，使松江布名闻遐迩，"衣被天下"。植棉技术的推广与棉纺织技术的普及，使棉布逐渐成为我国人民的常用衣着，由于它比麻丝织品保暖性更好，耐穿耐用，物美价廉，因而深受广大劳动者的欢迎。由植棉、纺棉而成就五彩缤纷的染织品，给人间带来无尽的亲情与温馨，也使社会走向更高度的文明和更广泛的繁荣。

元代对纺织业实行严格控制和残酷榨取，使纺织业发展举步维艰。元代纺织业主要是官营手工业，但就生产规模和生产过程的分工协作程度来说，比起南宋来还是有所发展。纺织手工业有杭州织染局、绣局、罗局、建康织染局等。元代纺织品以织金锦最负盛名，产品极其富丽堂皇。当时的丝织品以湖州所产为最优良，品种有水锦、绮绣等。

知识链接

诸葛亮与武侯锦

武侯锦色泽艳丽，万紫千红，苗民每逢赶集都要带到集市交易，人们竞相抢购。它很快流传到其他地区，如现在的侗锦，又称"诸葛锦"，其花纹繁复华丽，质地精美。蜀锦成为当时最畅销的丝织品，蜀国用它来搞外交，即以蜀锦作为其联吴拒曹的工具。据当时一些书籍记载，蜀锦不仅花样繁多，而且色泽鲜艳、不易褪色。笔记小说《茅亭客话》中记有一个官员在成都做官时，曾将蜀锦与从苏杭买来的绫罗绸缎放在一起染成大红色，几年后到京城为官，发现蜀锦仍色泽如新，而绫罗绸缎的红色已褪，于是蜀锦在京城名声更响。这些都足以说明当时蜀锦以其艳丽的花纹和精良的质地赢得了各地人们的喜爱，也足以证明当时织锦技术的高超及其对后世的影响。

第五节
明清纺织

神州遍地植棉桑

明清时期，统治者深知发展生产对于稳定秩序、巩固政权的重要性，所以积极采取了鼓励生产、移民垦田的政策，甚至由官府发放农具、种子，推动农桑。

明洪武年间，颁令北方诸郡，"凡荒芜田地，召乡民无田者垦辟，所为己业"，并规定新垦田地，不论多寡，俱不征税。同时，大力兴修水利，建仓储粮，防灾备荒。官府敕令植桑种棉，不仅按田亩规定种植棉麻桑蚕数量与每户种桑株数，还要求屯田军士每人种桑百株，并对天下百姓教以桑棉种植之法。甚至官府考课地方官吏，也规定必须报告农桑成绩，违者降罚，故有"畦桑有增不可减，准备上司来计点"（刘基《畦桑词》）之说。

在官府的大力推广之下，明清之际的棉花种植从南到北、从西到东大范围扩展。据徐光启的《农政全书》记载，棉花种植"遍布于天下，地无南北皆宜之，人无贫富皆赖之"。

明代自建国起就十分重视棉、桑、麻的种植，到明代中后期，地方官吏甚至躬行垂范。由于明政府的重视，使得桑、棉、麻的种植遍及全国，从而为纺织业的发展提供了源源不断的原材料。同时，明政府还设置了从中央到地方的染织管理机构，使明代纺织业形成了规模化、专业化的局面，促进了纺织业的迅猛发展，形成了许多著名的纺织中心，出现了许多新的纺织品种与工艺。当时丝纺织生产的著名地区为江南，主要集中在苏州、杭州、盛泽镇等地。苏州、杭州、南京都是官府织造业的中心，盛泽镇则是在丝织业发展的基础上新兴起来的。此外，山西、四川、山东也都是丝织业比较发达的地区。明代丝织品类型基本上承袭了以前各朝，主要有绫、罗、绸、缎等。四川蜀锦、山东柞绸都是当时的名品。明代棉花的种植遍及全国各地，而且在棉植业普及、棉织技术提高的前提下，棉织业成为全国各地重要的手工行业之一。随着明代棉纺织业的不断发展，到明代中后期，棉布成为人们衣着的普遍原料。另外，葛、麻、毛织业在明代纺织业中仍占有一席之地。印染业经过数千年的发展，到了明代，也已积累了丰富的经验，为明代纺织业的发展创造了有利的条件。总之，明代纺织业较之前有了飞跃性的发展，给明代的社会、经济生活带来了重大的变化。

清初，统治者也着手大力恢复纺织手工业。清代的棉花种植几乎遍布全国各地，蚕桑的生产也大为发展，它们在农民经济的生活中占有重要的地位。乾隆至嘉庆年间，由于关内农民的贫困破产，流亡农民不断冲破统治者的禁令而移入东北。自从山东劳动人民创造了人工放养蚕的技术，人工放养就逐渐从山东推广到全国各地。总之，当时的纺织业得到了飞速发展。

当然，清代对纺织业的控制和掠夺，也严重阻滞了纺织业资本主义生产的发展。清朝统治者从一开始就剥削江南纺织业，他们以政治权力强制机户为其劳动，设置江南织造就是为了控制民间纺织业的发展。官营织造业凭借它的封建特权，通过使用政治手段对民间纺织业加以各种限制和控制。如限制机张、控制机户，以及其他封建义务的履行，这些都对江南纺织业的发展形成严重阻滞、摧残和破坏。清初为控制民间丝织业的发展，曾以"抑兼并"

为借口，对其加以种种限制。当时规定"机户不得逾百张，张纳税五十金"，而事实上获得批准常常是要付出巨大的贿赂代价，这种严格的限制和苛重的税金，严重阻碍、限制了丝织业的发展。康熙时，曹寅任织造，机户联合起来行使了大量的贿赂，请求曹寅转奏康熙，才免除了这种限制的"额税"，江南丝织业才得到进一步发展。

清代苏州织造局比明代时生产规模大大地发展了。清代官营手工业的生产规模确实很大，房舍动辄数百间，每一处设有各种类型的织机 600 张，多时至 800 张，近两千名的机匠，另外还有各种技艺高超的工匠 200 多人，多时达 700 多人，这些工匠中又有各种专门化的分工。清代的官营织造手工业无论在体制上还是在规模上都比明代有所发展。清纺织品以江南织造生产的贡品技艺最高，其中各种花纹图案的妆花纱、妆花罗、妆花锦、妆花缎等富有特色，还有富于民族传统特色的蜀锦、宋锦。

日益发展的纺织业

棉桑的广泛种植给纺织业提供了充足的生产原料，大大促进了官府、民间纺织业的发展，使明清纺织物不仅产量激增，而且品种繁多、质量精良、技艺纯熟。

明清时期，官府纺织业分属中央与地方两级管理。中央设内府监，专管皇室及宫廷织造，供应御用织物及官宦服用，又称内织染局。据明史记载，内织染局在北京、南京、苏州等地设有庞大的工场，委派专职官吏掌管，素有"北局""南局"之称。南京内织染局专织宫廷各色绢布及文武百官诰敕，有织机 300 多张，匠人 3000 余名。仅司礼监礼帛堂，就有织机 40 张，匠人近千名，专门织造祭祀用神帛。明代苏州织造局内有机杼 173 张，场房 245 间，各色匠人近 700 人；及至清代，织机达到 800 多张，机匠 2600 余人，年派造织物从十几万匹跃升到几十万匹。

内府各监局役使匠户 23 万多家，各种专门染织匠人有绦匠、绣匠、毡匠、毯匠、染匠、织匠、锦匠、络丝匠、络纬匠、挽花匠、腰机匠、攒丝匠、绵花匠、挑花匠、刻丝匠、织罗匠、神帛匠、花毡匠、驼毛匠、缉麻匠、弹棉花匠、纺棉花匠、捻绵丝匠、三梭布匠等，达几十种之多。织染局遍布各地，构成了庞大的官府染织管理机构。

清代绿地牡丹织银缎（左）和蓝地牡丹缎（右）

民间纺织业，在几千年自给自足的家庭手工机械纺织基础上，到明清时已明显地出现专业机户和较大规模的染织作坊。许多能工巧匠在定期为官府供役之余，有了一定的人身自由和生产自主权。他们以娴熟的染织技能生产出精美的纺织品，拿到市场上出售。他们的高超技艺同时也带动了城乡家庭纺织生产的发展，形成了一批具有相当实力的染织作坊。这种工场式的作坊使用技术娴熟的匠人，实行相当细密的分工，逐渐积累起雄厚的资本。工场主占有场房、机具、原料，雇用他人劳动，带来了封建制度下资本主义生产方式的萌芽。

明清之际纺织业的成熟发展，使绸缎庄、棉布店遍布城乡，店铺展销的纺织品种类繁多、琳琅满目，绫、罗、绸、缎、棉、绢、布、帛、纱、纻、丝应有尽有，而且每类又分若干品种。如罗，就有花罗、素罗、刀罗、秋罗、软罗、硬罗、河西罗等；绸有线绸、棉绸、丝绸、绉绸、纹绸、春绸、素绸、花绸、濮绸、笼绸、水绸、纺丝绸、杜织绸、绫机绸、绫地花绸等；棉布则有标布、刮白布、官机布、缣丝布、药斑布、棋花布、斜纹布、浆纱布、龙墩布等；葛麻类有葛布、苎布、蕉布、青麻布、黄麻布等；毛织品有毡毯、帽袜、驼褐、毛褐、毡衫等，纺织物品种丰富多彩。

充盈门店、品类齐全的纺织品，在解决人们衣被鞋帽保暖御寒之外，还用于居室则成窗帘、床幔；用于厅堂则成壁布、台布；用于铺地则有毛毡、地毯；用于车轿则成帷幔、篷布；用于其他则如旌幡伞盖帆，或制成绫扇、绢画、巾帕、妆花等，品类繁多的纺织品大大地丰富了人们的物质生活和文化生活。

及至清朝末年，洋务运动下新兴的以蒸汽机为动力的纺织工业，更是成为民族工业的先驱。

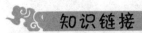 知识链接

染坊的行业祖师

染坊供奉梅福、葛洪为行业祖师，两人合称"梅葛二圣""梅葛二仙"等，永安染匠尊其为"染布缸神"。梅福为西汉末年人，曾任南昌尉，后出家修道炼丹，宋元丰年间被神宗赵顼封为"寿春真人"。葛洪为东晋著名道士、医学家和炼丹术家，著有《抱扑子》一书，内详载各种炼丹方技。民间传说，梅葛二仙曾化作跛脚行乞。为感恩于一对青年夫妇的施舍，他俩在酒足饭饱之后唱道："我有一棵草，染衣蓝如宝；穿得花花烂，颜色依然好。"两人手舞足蹈、边唱边跳，周围瞬间长出许多小草。青年夫妻听闻草能染衣，便割了几筐放在缸里，过了数日仍不见动静。不久，两位跛脚汉又来借宿喝酒。临走时把剩酒和残汤全倒入缸内，顿时缸水全变成蓝色。二仙告诉说："水蓝是蓝靛草变的，染衣可永不变色。"小俩口高兴地用它来为乡亲染布。此后，人世间便出现了染布业。该行在每年的农历九月九日，即"梅葛二圣"的诞辰，都要举行祭典。

第二章

古代葛、麻纺织

中国最早出现的是麻、葛纺织。我国是麻的故乡,外国把大麻叫作"汉麻",把苎麻叫作"中国草"。在元、明两朝棉花栽培普遍推广以前,麻织品是平民百姓最主要的衣着材料。那时把平民百姓称为"布衣",这里的布指的就是麻布。葛藤纤维也是古代一种重要的纺织原料。从考古发掘资料判断,中国的麻葛纺织至少已有六七千年以上的历史。北方的大麻栽培和南方的苎麻栽培历史也都在5000年以上。

第一节
说葛道麻话纺织

　　我国是麻的故乡，外国把大麻叫作"汉麻"，苎麻叫作"中国草"。麻纺织的发展在中国有着悠久的历史，是中国古代物质文明的一个重要组成部分。

　　在古代很长一个时期，麻是人们最主要的衣着原料。古代把平民百姓称作"布衣"，这里所说的布，指的就是麻布。奴隶主和封建贵族可以冬穿皮裘毛绒、夏着丝绸，而平民百姓只能用麻布遮体御寒，所以"布衣"也就成了平民百姓的代名词。

 **葛的利用**

　　葛纤维是我们祖先最早用来纺织的植物纤维，古书中就有关于尧"冬日麑裘，夏日葛衣"的记载。

　　葛布是以葛的韧皮为原料，经过一系列加工纺织而成的。葛是藤本植物，生长在气候温暖湿润的山区，在一些峭岩挺秀、瀑布飞溅的山间，到处伸展着蜿蜒缠绕的葛藤。

　　早在旧石器时代，我们的祖先就已经知道葛的根可以当作食物，葛的藤条可以捆扎东西。在长期的生产和生活实践中，人们发现葛藤如果在沸水中煮过，它的皮就会变软，并逐渐分离出一缕缕洁白如丝的纤维来。这种纤维经过手搓，或是用最原始的工具加工成纱线，就可以用来编织成纺织品。

　　《诗经》中涉及葛的种植和纺织的多达四十多处，表明在商周时代，葛纤维仍是主要的纺织原料之一。周代还专门设立"掌葛"的官吏来专门管理葛的种植和纺织，并负责收缴奴隶们生产出来的葛织物。

直到西汉时期，葛纤维织成的绨、绤仍然是人们经常穿着的织物。《汉书》就有关于汉高祖刘邦曾下令禁止大商贾等穿高级丝绸和绨布衣服的记载。东汉以后直至三国时代，虽然大麻、苎麻等纤维原料植物早已广泛种植，但在偏僻的山区仍然种植葛。到了隋唐时期，纺织技术和工具比以前更加完善，纺织生产的能力也越来越大。葛藤因为生长较慢、加工困难而逐渐被麻取代，特别是在平原地区，已变成稀罕之物了。但在一些山区，葛仍然为广大劳动人民所利用。

布衣和麻纺织

布衣，是指用大麻粗布做的衣服。在我国历史上，"布衣"曾是平民百姓的代用词。在古代我国中原地区除利用蚕丝之外，主要利用葛、苎和大麻等韧皮纤维纺纱织布。由于葛对气候和土质的要求较高，而且其种植也只限于一些山区，苎的加工也比较麻烦；广大平民当然更穿不起丝绸，因此，没有葛布和苎布的只得穿大麻粗布衣。

大麻，俗称"黄麻"，是一年生草本植物，对土壤和气候的适应性很强，古代我国很多地区都有种植。茂盛的、成片生长的大麻，高达 2 米左右，青翠挺秀，密密层层，好似青纱帐。

早在三四千年以前，我国大麻的种植遍及华北、西北、华东、中南各地。那时，我们的祖先就已经掌握了沤制大麻、剥取纤维的方法，《诗经》里就有十几处提到在池塘或是流速极缓的河滨"可以沤麻"的记载。大麻收割回来后削掉叉枝、麻叶，扎成捆，扔到水中，并用石块镇压；经过若干天的沤浸，水池里产生小气泡；待小气泡消失，水变得滑腻，再将麻捆捞起晒干。农闲时把大麻皮剥下来，就可以作为纺织原料了。

大麻生产在奴隶制经济中占有重要的地位。周代专门设立"典枲"的官员来管理，其中又有下士、府、史、徒等大小官吏。

在 2000 多年前的汉代，我国劳动人民就认识到大麻是雌雄异株，把雄的叫"枲"，雌的叫"苴"。枲麻纤维虽少，但强度高，可以纺织；苴麻纤维粗硬色黑，不能用来纺织，但麻籽可榨油，属"九谷"之一。

 麻织品

春秋时期，各诸侯国和各地区的社会经济在原有的基础上获得了进一步的发展。这一时期，蚕桑的生产已遍布全国各地；而麻的栽培和纺织，更是达到相当高的水平。当时齐国社会经济发展中，农业和手工业的水平在各国中是最高的，大麻种植和纺织得到相当的重视。过去是"非采列（锦绣的丝绸衣服）不入公门"，麻布衣不得登大雅之堂；而这时，就是齐相也穿起麻布衣来了。齐相晏婴身着麻布衣，说："布衣足以掩体御寒，不务其美。"

西汉时封建经济日趋繁荣，生产经验得到总结，科学技术迅速发展。劳动人民从大麻的沤制加工中找出一些规律来，如"夏至后二十日沤枲"，剥制的枲麻纤维则"如丝"一样柔和。北魏著名的农业科学家贾思勰在《齐民要术》中对劳动人民沤制大麻的宝贵经验又进行了总结道：在沤麻时"沤欲清水，生熟合宜，浊水则麻黑"；如果水少，由于麻纤维与空气接触而氧化，"则麻脆"；沤制不透，麻皮难以剥下；沤得过头，麻纤维受损伤，"太烂则不任"；冬天可以用温泉水沤麻，剥取的大麻纤维"最为柔明"。

东汉时，大麻的种植地域不断向外扩大，往北向今内蒙古一带推广，往南则向两广一带推广。当时，大麻布甚至还作为军队的服装。在新疆罗布淖尔地区一个汉代古烽燧亭遗址中，就发现有大麻短裤以及麻布囊等。

由于气候的变化，到东汉、魏晋以后，我国北方已不适于苎麻的生长，大麻遂在北方盛极一时。大麻布的生产量日益增多，"诸郡皆以麻布充税"。据《晋书》记载，一次苏峻举兵攻入宫城，发现宫库里存麻布竟多达20万匹。

大麻的种植、加工远比葛简便，产量又高，所以春秋战国及其后一个时期内，在人们的衣着原料中，大麻逐渐占据主要地位。但大麻与苎麻比较起来，纤维短，含木质素也较多，显得粗硬，纺纱性能差，所以魏晋以后，除北方大麻仍占主要地位以外，南方则着重利用苎麻了。由于南北方利用的纺织原料不同，大麻的加工技术就有了地区差别。元代的农学家王祯在《农书》中就指出北方沤制的大麻"麻片洁白柔韧"，可绩细布；而南方的"麻片黄皮粗厚，不任细绩"。以后随着棉花在北方的推广，大麻在北方也逐渐退出了衣着所用的纺织原料之列。

大麻虽然逐渐退出了衣着纺织原料的范围，但在其他方面还有一席"用

麻织品

武之地"。我国古代劳动人民发现并实践了对大麻纤维的多种利用，如利用大麻纤维的强力制作绳索；利用大麻织物的吸湿特性制作麻袋。

近代工业的不断发展，更为大麻的应用开辟了新的途径，如用大麻做粗帆布、防水布等。清光绪年间，美国还专门从我国浙江将大麻移植到肯塔基州，使之成为麻纺织工业原料之一。以后，我国还大量出口大麻到欧、美各国。

新中国成立后，我国纺织工业出现了崭新面貌，大麻生产迅速发展，大麻的使用价值得到充分利用。大麻以及黄麻等纺织原料的利用，远远超过了历史水平。

苎麻与夏布

夏布是我国有名的传统纺织品。在我国气候温暖的南方，夏布深为人们所喜爱：用它做成夏天穿的衣衫，凉快惬意；用来做蚊帐，则挺括透气。

为什么夏布会有这些特点？这是因为夏布的纺织原料——苎麻纤维同葛纤维一样，吸湿和放湿比其他纤维都快。当夏天人们热得汗流浃背时，穿上夏布衣服，汗液散发得快，确有"去汗离体"之功效。正因为如此，我国特产的苎麻，在国外也享有盛名，被称为"中国草"。

四五千年以前，我国黄河流域一带的气候比现在要温暖得多，那里的山岗斜坡上长满了野生的苎麻。苎麻的茎和葛藤一样，外皮也有一层纤维和胶质粘结起来的韧皮。葛皮的胶质只要用沸水一煮，大都脱去，而苎麻外皮的胶质是难以用沸水煮掉的。在新石器时代，通过生活实践以及生产劳动实践，人们从野生苎麻的自然腐烂中得到启示，开始采用自然发酵法脱胶。在记载着商周时代民间诗歌的《诗经·陈风》中，就有"东门之池，可以沤苎"的诗句，沤苎就是利用微生物进行自然脱胶。

秦汉时期，社会生产力进一步得到发展，苎麻的栽培和加工技术都有所提高。这时已用石灰或草木灰来煮炼苎麻，进行化学脱胶，不仅使纤维分离更精细，可以纺更细的纱，织更薄的夏布，而且大大缩短了原来微生物脱胶的周期，提高了生产效率，为苎麻的广泛应用创造了有利条件。

由于气候的变化等原因，东汉以后，苎麻的生长地区逐渐局限于长江以南了。到宋、元时期，苎麻的脱胶技术又有了新的发展，除用石灰或草木灰煮以外，还采用"半晒半浸"的办法，即把煮过的麻缕用清水洗净后，摊放在铺于水面的竹帘上半晒半浸，日晒夜收，直到麻纤维达到"极白"的程度。

苎麻的脱胶已是如此复杂，苎麻的纺织更是繁难。《汉书》中记载："冬，民既入，妇人同巷相从夜绩，女工一月得四十五日。"说的是一到冬天，农村妇女就相聚在一起日夜纺绩苎麻，一月要做相当于45天的工，而一天所纺绩的精细麻纱仅一两钱。

隋、唐时期，江南苎麻布生产急剧增长。到了宋代，江南苎麻布生产不仅数量大，而且在花色品种方面也出现了以各地区命名的特产麻布。如浙江诸暨的山后布，就是驰名我国南方的"皱布"，所用的麻纱是在纺绩过程中加过强捻的，然后再织成"精巧纤密"的布。这种布的质量仅次于真丝织的纱罗。用它做衣服以前，

苎　麻

"漱之以水"，由于加过强捻的麻纱汲水收缩，因而麻布顷刻成"谷纹"。又如南宋静江府（今广西桂林等地）所织的苎麻布经久耐用，是因为苎麻纱采用带有碱性的稻草灰的水汁煮过，在织造前再用调成浆状的滑石粉上浆，织造时"行梭滑而布以紧"，这实际上包含了现代上浆整理加工的原理。

南宋以来，棉花逐渐在全国广为种植。棉花的推广使得苎麻生产发生了根本的变化。苎麻再也不是人们的主要衣着原料，而是专门用来织造盛夏使用的轻薄型织物。清代在广东地区，用苎麻纱和蚕丝交织成的轻薄织物"柔滑而白"，像鱼冻一样，"愈洗愈白"，人称"鱼冻布"。鱼冻布的出现说明我国劳动人民已经熟练地掌握了交织工艺技术。

鸦片战争以后，我国一步一步地变成了半封建半殖民地社会，苎麻的加工和纺织生产技术也遭受到严重的摧残，长期停留在手工作业阶段，逐渐陷入濒危的境地。新中国成立以后，以苎麻为原料的纺织生产技术，又焕发了新的生机。

 知识链接

勾践献葛

春秋时期（公元前770—前476年），位于今苏南地区的吴国和位于今浙江东半部的越国毗邻相接。吴王夫差在一次战争中俘获了越王勾践，几年以后才把勾践释放回越。勾践回国以后，并不甘心忍受被俘的"耻辱"，暗地里和心腹大臣范蠡、文种密谋复仇。一天，勾践向众臣说道："吴王放我回国，我一直感恩不尽，听说吴王体胖多汗，到了夏天喜欢穿凉爽离体的葛衣。我想多织些精细的葛布献给吴王，诸位看法如何？"群臣心领神会，齐声答道："甚妙！"于是命令文种负责监督大批奴隶种葛、采葛和纺织葛布。这些葛布"弱于罗兮轻霏霏"。越王勾践将精细葛布十万匹，献给吴王夫差，果然博得欢心。勾践用种种办法麻痹吴王夫差，后来终于成功地灭掉吴国。

第二节
麻葛纺织的发展

 古代的麻葛纺织生产

　　我国的麻、葛纺织在新石器时代中期出现以后，到商周时期，有了明显的发展，并形成了"男耕女织"的基本分工和农户家庭经济结构。绩麻织布成为广大妇女的主要任务。在西周，妇女纺织生产被称之为"妇功"，与王公、士大夫、百工、商旅、农夫等并列，合称为"国之六职"，政府还设有"典妇功"的专门机构进行管理，说明妇女的麻、葛纺织生产在当时的社会经济生活中占有十分重要的地位。

　　"男耕女织"的经济结构，决定了当时麻、葛纺织生产主要是自给性生产，各家妇女都必须绩麻织布。在当时纺织工具还十分简陋的情况下，平民妇女的纺织生产是非常辛苦和繁重的。

　　一些纺织生产者在缴纳贡赋和满足自家需要以后，也把剩余的麻布或葛布拿到市场上去卖，于是出现了麻布、葛布的商品交换。

　　为了便于流通和缴纳贡赋，西周政府对麻布、葛布的幅宽、长度、密度、重量及其计算单位、标准，都做了明确规定，布的精粗不合升数，横幅和长度不合尺寸，不准用来纳贡赋，也不准拿到市场上出卖。此时对麻、葛布的生产，已开始进入规范化管理。

　　春秋战国时期，为了争夺霸主地位，各国都把奖励桑麻生产、发展纺织业作为强国富民的重要措施，麻、葛纺织获得了更大的发展空间，出现了有名的纺织中心。在北方，以临淄为中心的齐鲁地区，土地肥沃，宜于桑麻种植。那里出产的布帛不仅能充分自给，而且大量输出，遍及全国，号称"冠带衣履天下"。以后直至西汉的几百年间，临淄都是我国的纺织中心。豫州地方（今河南）的大麻纺织业也很发达。在南方，长江下游地区的苎麻纺织业也有了明显的发展。

当时，除了麻、葛纺织以外，还有菅、蒯纺织。春秋战国时期生产的麻布、苎布和葛布大多比较精细，而以菅草、蒯草纤维为原料的布则比较稀粗，多用作丧服和鞋履，或用于搓绳；在遇到水旱灾荒时，则用以补充麻、葛歉收的不足。

汉代的官方和私人的麻纺织业都很发达，官府和一些私人的麻纺织作坊规模很大。据《汉书》记载，当时有个叫张安世的人，有家童 700 人，由其妻子带领纺纱绩麻，出卖产品，以此赚钱。这个张安世就可能是从事麻纺织的私人作坊主。此外还有个体麻纺织手工业者。在地区上，由于到东汉以后，苎麻的种植基本限于长江流域和华南地区，北方地区的麻纺织主要是大麻纺织，南方地区则以苎麻纺织为主，但在部分山区，葛麻纺织仍占有重要地位。

两汉三国时期，长江下游的吴越和长江上游的巴蜀地区以及淮南地区，苎麻纺织生产迅速扩大。据西晋左思《吴都赋》载，三国时期的建业（南京），"纻衣缔絺服，杂沓傱萃"。《后汉书·公孙述传》称蜀地"女工之业，覆衣天下"，该地妇女用苎麻纤维织成的细布，闻名遐迩。另据《后汉书·卫飒传》载，地处湖南、粤北的桂阳郡，地方官吏教民种植桑麻纻之属，劝令养蚕、织履，"民得利益"，麻、苎纺织生产由此兴盛起来。

隋唐时期，麻纺织业尤其南方地区的苎麻纺织有了进一步的发展。在唐代，官府织染作坊的规模相当庞大，生产粗细麻布的褐作、布作是织染作坊的重要组成部分。民间家庭麻纺织也很发达。唐朝政府鼓励农民种植桑麻，在推行计口授田的均田制的同时，向农民征收绢和丝棉或麻和麻布等实物税，劳役也可用麻布等折抵。为了完成朝廷规定的赋税和徭役折征任务，农民家家户户都必须种桑植麻，绩麻织布。

从《新唐书·地理志》所载各地贡纳麻葛及其纺织品的情况看，当时大麻纺织业主要分布在河南、关内、陇右三道，即现在的河南、山东、江苏淮北和陕西、甘肃一带；苎麻和葛麻纺织主要分布在淮南、江南、剑南三道，即现在的安徽、江苏、浙江、福建、江西、湖南、湖北、四川和陕南地区。另外，岭南地区的苎、葛纺织也十分发达。

进入宋代，随着全国经济重心的南移，麻类纤维纺织生产进一步向东部和南方地区集中。黄河中下游流域的河北、河南、山东一带，原来蚕桑生产和麻纺织生产都十分发达，入宋后则明显衰落。其中河北和河南部分地区蚕桑生产虽然衰落，但麻纺织生产还有相当基础。在长江流域和岭南地区，苎麻和葛麻纺织生产进一步扩大和发展。尤其在岭南地区，苎麻、苎布更是重要特产。南宋时期，由于北方战乱频仍，宋政权偏安一隅，加上北方居民大量南迁，整个南方地区麻、葛纺织生产的发展达到了前所未有的高度。但也就在这一时期，棉花栽培和棉纺织业开始在江南地区兴起和推广，棉布部分取代苎布、葛布而成为人们的重要衣着原料，麻、苎纺织业在社会经济和人们生活中的地位开始下降了。

丰富多彩的麻葛织品

中国古代的麻、葛纺织技术十分精湛，产品丰富多彩，种类、规格齐全。从普通粗麻布，到能与丝绸媲美的精细葛布、苎布；从普通平纹织物，到各种罗纹起花和特种织物，应有尽有。

早在新石器时代，麻、葛织品的规格、质量就达到了相当高的水平。进入奴隶社会后，纺织技术有了明显的提高，麻、葛布的花色、品种大大增加。西周时，葛布、麻布的粗细规格，从 7～9 升到 30 升不等，种类、规格齐全。30 升的麻布，经纱密度达到每厘米 50 根，相当于今天的高级府绸。在汉代，

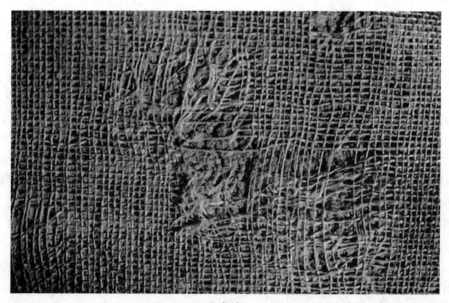

麻布纹

葛布、麻布有绤、绉、纻、缌、绤、绖、缞、絟等多个品种。据《说文》解释，缌是细麻布，绤是细葛布，绤是粗葛布，绉是细绤布，纻是白而细的麻布，绖是细布，缞是细疏布，絟是细絟布。

葛布、麻布有粗细不同的品种规格，穿用也有严格的等级限制。按大类分，15升以下是粗麻布，15升以上是细麻布。其中7～9升的粗麻布是供奴隶和罪犯穿的；10升～14升的粗麻布是普通百姓穿的；15升的细麻布叫作缌布，专门用来缝制贵族服装。汉代的《淮南子》中说，"冬日被裘剻，夏日服绤纻"，即是说贵族冬天穿的是皮毛呢绒，夏天穿的是精细葛布和苎麻布。至于30升的缌布只能做天子和诸侯贵族的帽子，被称作"麻冕"。

随着麻纺织的不断发展，还涌现出一批质量优异、工艺独特的地方名产和特产。汉代时，四川产的细苎麻布（蜀布）、东南一些地区产的葛布都十分有名；西南少数民族也生产名布，如哀牢地区生产的阑干细布（苎麻布），织成的花纹像绫锦一样五彩缤纷。

唐宋后，南方一些地区生产的苎麻布和葛布，工艺愈加精湛和独特，质量也进一步提高。

麻类作物和麻纺织业的地区分布

元代以后，尤其是进入明代，随着棉花栽培的普遍推广和棉纺织业的迅猛发展，棉纺织品取代丝、麻成为人们主要的衣着材料。麻类作物的种植和麻、葛纺织生产的重要性下降，但它们并没有退出历史舞台。相反，麻纺织不仅在全国许多地区一直普遍存在着，在长江流域和岭南地区还有所发展。在某些地区，绩麻织布一直是妇女的主要职业，麻布、苎布、葛布、蕉布等麻类纺织品还是当地的重要特产。

棉花栽培在全国推广以后，麻类作物的种植面积相应缩小，其内部结构和地区分布也发生了变化。在棉花栽培推广以前，北方地区的衣着材料主要是大麻，南方则是苎麻。由于大麻的纤维较粗，织成的麻布也比较厚，远不如棉布细软，棉花大量生产后，北方农户一般不再大面积种植大麻和绩麻织布，只是少量种植，用来做渔网、绳索、鞋线、草席经线和麻袋等。苎麻的情况有所不同，它的纤维最强韧，对水浸抵抗力极强，且纤维细长而不绉不缩，富有光泽，既可织成纯麻的细薄夏布，又可与蚕丝、兽毛等其他纤维混合，织成各种高贵衣料，是南方夏季服装最理想的材料。同时，苎麻还可用以制造蚊帐、渔网、缝纫线、鞋线和绳索，这些都为一般家庭所必需。因此，南方一些地区的苎麻种植面积，除棉花集中栽培区外，并没有明显缩小。在那些不适宜植棉或种麻历史悠久的地区，苎麻的种植还有所扩大。

元明清时期，苎麻和麻布产地，除陕西和河南部分地区外，主要集中在长江流域各省和福建两广地区。

在北方地区，麻类作物中种植面积有所扩大的只有亚麻。明清时期，山东、河北、陕西和关外地区，都有亚麻种植。当地居民对亚麻进行综合利用，用亚麻籽榨油，油饼作肥料，纤维搓绳、织布，嫩叶充当蔬菜，茎秆则作燃料。

麻纺织技术的继续发展和变化

元代以前，麻类作物的栽培和麻纺织业，南北之间存在着明显的地区差异，北方主要是大麻和苘麻，南方主要是苎麻和葛麻。明清时期，情况发生了一些变化，虽然北方仍然不种苎麻，但黄麻、大麻的种植和纺织在南方一些地区发展起来了。明代后期，福建泉州府下7县，除苎布、葛布、蕉布外，均产青麻（大麻）布和黄麻布；莆田也盛产青麻布。明末，黄麻的种植和纺织在岭南颇受重视，种植和纺织相当普遍。新兴女红，治络麻（黄麻）的占9/10，而治苎麻的只占3/10。

这一时期，麻类纺织技术也有所发展，地区上仍存在着明显差异。从地区上看，浙江杭州地区的黄麻纺织还比较粗糙，所产的黄麻布"粗不中衣被"，只能用来缝制米袋。安徽徽州地区的织麻技术比较高，该地区的麻类纺织是以麻（可能是黄麻）纺织为主，苎纺织则是仿照麻纺织，可见麻纺织技术要高于苎纺织技术。广东有些地方的黄麻纺织技术更为精湛。如新兴妇女，对黄麻的加工纺织可以说得心应手，当地把黄麻称为"络麻"，意即黄麻"可经可络"，也就是可以作经纱，也可作纬纱。他们织造的细黄麻布，夏天穿着凉爽，无油汗气；把它练煮柔熟，又如同椿椒茧绸一样，可以制作冬衣御寒。

明清时期，麻、苎纤维脱胶、漂白等加工技术也发生了某些变化。

元代以前，据王祯《农书》记载，无论南北，大麻、黄麻等麻纤维的脱胶，都采用浸沤法。北方是割回来后，立即放入池塘中浸沤；没有池塘的，砌砖蓄水，以作沤所。南方则是拔回家后，并不立即浸沤，而是随剥随沤。到清代，南方有的地区将浸沤法改为水浇法。如福建福州府地区所用的方法，是在溪旁挖一个坑，将麻成捆放入其中，上面压以石块，再浇水，经过一两个小时就可以剥了。这种方法可称为石压水浇剥麻法。其主要特点是比浸沤法缩短了时间，加快了生产周期。

苎麻纤维的脱胶漂白方法也有所改进，即由元代的半晒半浸法改为漂晒法。

半晒半浸和漂晒两种方法比较，后者大大简化了生产工序，缩短了生产时间，省却芦帘、木盆等生产设备，降低了生产成本。明代后，漂晒脱胶漂白法一直为南方苎麻产区所沿用。

广东葛纤维的脱胶漂白是采用煮练捶洗法。葛藤采回后即挽成网，急火煮成烂熟，并随时用指甲剥看，待纤维发白不沾青时，即可剥取。然后将剥好的葛纤维在流水河边捶洗干净，风干，再晾一两宿，纤维即成白色。将其置于阴处，就可以绩纺织造了。

随着麻、苎纺织业的发展，开始出现了某些专业分工。虽然直至清代，在不少地区，从麻苎种植、绩麻纺线到织造成布，都是在同一家庭内完成，除某些性别分工外，不存在专业分工。如广东鹤山一些地区，农户"多以绩麻织布为业"，有的麻布名称就叫"古劳家机"；四川荣昌"比户皆绩，机杼之声盈耳"，等等，都属于这种情况。但是，也有许多地区出现了专业织麻匠，农妇只绩麻纺线，织布由专业织匠承担。如江西宁都，"俗无不绩麻之家"，绩纺成线后，再请织匠织成布。四川隆昌，也是请织匠织布，按麻线重量付给工钱。

在广东一些地区，麻、葛纺织业内部的专业分工也十分明显。顺德有绩麻、织布之间的专业分工。这种分工同时也是性别分工，当地绩麻为女子，而织布多为男子，即所谓"女绩于家，而男则具麻易之。亦有男经而女织者"。其他一些地区，麻类纺织内部专业分工更细一些。雷州、东莞、阳春等地，不仅纺绩麻线与织布有专业分工，织葛与织苎、织麻也有专业分工。这些地区都有专门织葛的织匠，其中以雷州、东莞织葛匠的技术最为高超。

在织造工艺方面，明清时期在广东地区出现了苎、葛、蕉和丝的交织织法。

苎丝布、葛丝布、蕉丝布、苎棉布和加银织品的大批生产，说明我国很早就已熟练地掌握了交织工艺技术。

知识链接

染匠的切口

染坊，有"大行邱"和"小行邱"之分，清朝末期还出现了"洋色邱"。大行以染成批匹布、单色、印花等为主，形成流水线、规模化生产，各道工序分工非常明确。小行以染零星杂色布料及旧衣为主，事无巨细样样都要拿得起。而"洋色邱"，是指专门使用外国进口染料的染坊。"缸中染就千机锦，架上香飘五色云"。在长期的社会生产过程中，为了维护本行的利益，逐渐形成了染匠的隐语切口。如他们称染料为"膏子"，赭色为"衣黄"，浅蓝为"鱼肚"，靛青为"烂污"，滕黄为"蛇屎"，铅粉为"银屑"，绿色为"翠石"，白色为"月白"，墨色为"蓝元"，色浅为"亮"、色深为"暗"，盛放各色染料的瓦钵为"猪缸"，等等。还有，待染的棉纱为"千绪"，棉布为"硬披"，绸布为"软披"，衣服为"片子"，帽子为"瞒天"，长衫为"套子"，马夹为"脱臂"，女装为"阴套"，成批的布料为"匹头"，印花用的横板为"花身"，开具的单据为"飞子"等。染匠还把石灰称为"白盐"，染缸为"墨悲"或"酸口"，染缸下的地灶为"地龙"，从染锅中提染件的绞棍为"棍头"，晾布的高木架为"天平"，楠竹杆为"长箫"，轧光的碾布石为"上石元宝"，晾晒染布为"斗光"，理布的橙子为"瘦马"，刷染坊的扫帚为"洒子"，染坊里染工的主管师傅为"管缸"，有技术的染匠为"场头"，等等。

第三章

古代棉毛纺织

　　棉织品是中国古代平民百姓的基本衣着材料，中国的棉纺织业有着悠久的历史，是中华古老文明的一个重要组成部分。在明代以前，动物的毛纤维是仅次于丝、麻纤维的重要纺织原料。中国古代毛纺织的历史和丝、麻纺织一样悠久，其技术也是和丝、麻纺织技术相互交融发展起来的。

第一节
古代棉纺织

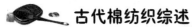 **古代棉纺织综述**

根据北京周口店"北京猿人"遗址出土的骨针显示，我们的祖先早在18000年以前就已初步掌握了缝纫技术，懂得用兽皮、树皮等缝制衣服，搭盖住所，以后又通过利用植物纤维搓绳和编结渔网，编织"网衣"，逐渐学会了编织和纺织。

棉纺织和棉花的人工栽培，首先是在我国华南、西南和西北边疆少数民族地区发展起来的。早在夏禹时代，海南岛居民就用被称为"吉贝"的木棉纺纱织布。秦汉后，当地居民治棉、纺织和练漂、印染技术都达到了相当高的水平。明清时期作为棉纺织中心的江苏松江，棉纺织技术还是经黄道婆从海南黎族同胞那里传过来的。

云南、四川哀牢地区和西北新疆地区，也都在秦汉之交或更早就有了植棉和棉纺织生产。自20世纪五六十年代以来，新疆地区先后有东汉至隋唐时期的大量棉织品出土。

边疆少数民族对我国的棉纺织业发展做出了不可磨灭的贡献。

随着历史的发展，边疆少数民族同中原汉族之间的交往日益密切，棉织品、棉花栽培和棉纺织技术逐渐传入中原。唐代广西和福建的棉纺织业已有后来居上之势，到元、明两代，棉花栽培已由江南推广到全国，棉布取代麻布成为人们主要的衣着材料。清代前期是我国手工棉纺织业发展的高峰期，所产棉布除满足国内需要外，还大量出口欧美和日本、南洋等地，在国际市场上享有极高的声誉。

鸦片战争后，随着洋纱、洋布的倾销和国内机器棉纺织业的兴起，农民家庭手工棉纺织业逐渐解体。但机器棉纺织业因受到洋货和在华外国资本的排挤，未能充分发展；日本侵华战争期间，更遭到日本侵略者的残酷掠夺，濒于全面崩溃。1949年新中国成立后，我国的棉麻纺织业才获得新生。

我国棉麻纺织业的悠久历史、辉煌成就和艰辛历程，可以说是中华古老文明发展历程的一个缩影。

古代边疆地区的棉纺织业

在古代，海南岛和岭南地区、云南和四川部分地区、新疆的吐鲁番和于阗一带，都以生产棉花和棉布著称。

1. 海南岛和岭南地区的棉纺织业

海南岛和岭南地区气候炎热、潮湿，那里的少数民族很早就栽培一种能开花吐絮的木本植物，利用它的花絮纺纱织布，缝制衣服。当地把它称作"吉贝"，织成的布叫"织贝"或"吉贝布"。吉贝就是多年生的木棉，属于棉花的一种，每年可收花两次。早在夏禹时代，海南岛居民就用木棉织布缝衣，缝制的衣服叫"卉服"，说明当地居民早在4000年前就已懂得栽培和利用棉花了。

秦汉时期，海南岛少数民族流行一种称为"贯头衣"的服式。这种贯头衣就是在一段棉布中间开一个洞，从头上往下套在身上，再在腰间束一根带子就成了，做工简单，穿着宽松，可以说是现今时兴的套头衫的始祖。为了制作方便，通常把几幅布拼接在一起，做成一种"广幅布"，其"洁白不受垢污"。当时生产的棉布能达到如此洁白无瑕的程度，说明棉花原料的质量较好。三国时有人描述当地的木棉说，棉絮"状如鹅毛"，纤维"细过丝绵"，可以"任意小抽牵引，无有断绝"，可见那是一种色白、纤维长、韧力强的优质棉花。同时，脱籽、弹花、纺织和漂白工艺技术，也都达到了相当水平。

当时不但能生产白布，而且能生产各种染色布。先将棉纱染成各种不同颜色，然后织成布，这种染色布被称为"斑布"，并有多种花色和规格。黑白条纹相间叫"乌骝"，黑白格子纹叫"丈辱"，黑白格子纹中间再添织五彩色线品则称"城域"。

在棉花种植推广的同时，棉花加工工具和纺织技术又有了新的改进。南宋的《泊宅编》中具体记述了闽广地区的棉花加工和纺织过程，并提到了擀

黎锦堪称中国纺织史上的"活化石"，史书上就称其为"吉贝布"

棉和弹棉工具，说当地居民摘棉去壳，用铁杖擀尽棉籽，用小弓将棉花弹松，然后纺绩为布，称为"吉贝"。海南少数民族居民所织的头巾，上面织有花卉纹，并杂有文字，尤为工巧。另据南宋《桂海虞衡志》中记载，海南黎人还织造一种青红相间的格子布，被称作"黎单"，很受广西桂林人的喜爱，被他们买来作床单用。

 2. 西南地区的棉纺织业

在西南地区，云南和四川少数民族种植和利用棉花的历史也十分悠久。

世世代代居住在云南哀牢山区和澜沧江流域的古哀牢等民族，很早就掌握了棉花栽培和棉纺织技术。东晋的《华阳国志》一书中，对于云南永昌的棉花和纺织生产情况，记载十分详细，书中说："永昌郡古哀牢国，产梧桐木，其花柔如丝，民绩以为布，幅广五尺，洁白不受污，俗名桐华布。"梧桐木是多年生木本棉，桐华布也叫"橦花布"，就是棉布。

永昌东北的南诏，即现在的大理一带，很早就利用棉花进行纺织。当地把木棉叫作"婆罗木",把棉称为"婆罗笼段"。成书于南北朝时的《南越志》中说,南诏"惟收婆罗木子中白絮,纫为丝,织为幅,名婆罗段"。

这些历史记载证明,云南西南部以傣族、白族为主体的少数民族,自古以来就以栽培棉花为重要的纺织原料。

3. 新疆地区的棉纺织业

新疆是我国古代另一个植棉业和棉纺织业发达的地区。从今吐鲁番到新疆西南部的民丰、于阗和塔什库尔干塔吉克自治县的广大区域内,早在两汉时期就广种棉花了。

吐鲁番古代称高昌国,是沙漠中的绿洲,有着得天独厚的自然条件和可供灌溉的水源,十分有利于棉花的生长。当地居民很早就将棉花用作纺织原料。3世纪初,魏文帝曹丕在诏书中就曾提到新疆地区生产的"白缣(叠)布"。白缣布就是棉布,当地居民把棉花叫作"白叠子",这个名称同西南有些少数民族是一样的。现在滇南的佤族还把棉花叫作"戴",白布叫"白戴"。

南北朝时,南朝《梁书·西北诸戎传》中也有关于高昌和于阗植棉纺织的记载。说高昌国的"草木"(草棉)很多,果实像蚕茧,棉丝像细麻丝,当地人称为"白叠子","多取之以为衣,布甚软白"。又说,于阗西边有一个叫"喝盘陀"的小国,居民穿的是"吉贝布"。喝盘陀国就在今天的塔什库尔干塔吉克自治县一带。

自20世纪五六十年代以来,在新疆地区的考古发掘中,出土的棉织品实物,不仅数量多,而且种类、花色齐全。从纺织材料看,既有纯棉布,也有丝、棉交织品;从棉布组织结构看,既有普通平纹布,也有几何纹提花布;从颜色和印染加工情况看,既有白布,也有双色格子布和蜡染印花布。这些棉布或丝、棉交织布,组织结构都相当细密,可见当时新疆地区的棉纺织技术已经达到相当高的水平。

从边疆走向全国的棉纺织业

元明两代是我国棉纺织业发展十分重要的时期。在这一时期,棉花栽培和棉纺织业从华南和西南、西北边疆迅速推广到长江流域、黄河流域和全国各地,棉布取代麻布成为全国人民最主要的衣着原料,棉纺织业成为农户经济的重要组成部分和封建王朝的主要税收来源之一；棉纺织工具和纺织技术有了长足的进步，出现了一批棉纺织集中地和具有地方特色的名牌产品；与棉纺织相关的印染业和踹布业，也迅速兴盛起来。

从宋元之交到明代，我国的棉花栽培和棉纺织生产，在地区推广上出现了一个飞跃，以前所未有的速度，从华南地区和西南、西北边疆迅速扩展到全国各地。

南宋末年，江南一些地区已开始棉花种植。元朝统一全国后，南北经济联系和商业交流加强，消除了棉花和棉织品北上的障碍。"商贩于北，服被渐广"，棉花栽培和棉纺织技术也逐渐北传，"江淮川蜀，都得到种棉之利"。在西北，新疆的棉花栽培技术也已传播到陕西渭水流域。

棉花向北传入长江流域，它的优越性立即显现出来。棉花虽为南方物产，但同样适用于北方。北方天寒，如果没有丝绵，就要用毛皮，而棉花比毛皮便宜得多。因此，元政府主张大范围推广植棉和纺织之法，以"助桑麻之用，兼蛮夷之利"。

元明两朝政府为了推广植棉和棉纺织业，采取了强迫百姓缴纳棉布实物税和硬性规定农户植棉面积的强制措施。从此，棉布开始和其他纺织品一起被定为常年租赋。

明朝政府同样采取强制种植和缴纳的办法。朱元璋时规定不论地域和自然条件，强令种植，一律把棉花列为常赋对象，比元代的推广措施更为严厉和坚决。这套办法推行了20多年，到洪武二十七年（1394年），朱元璋又推行闲地植棉免税的新办法，下令官吏劝谕民间，在空地上种植桑枣、棉花，并免纳赋税。每年年底上报种植面积。这种隙地棉田免税的办法，以后长期被沿用。

元明地方官吏，上自总督巡抚，下至知州知县，无论掌管民政的布政使，还是掌管军政的兵备道，在督劝植棉和纺织方面，也大都不遗余力，其办法也同样是强制性的。明代万历年间山西巡抚吕坤督劝纺织的做法，是这方面的一个典型例子。他曾下过一道命令，省城贫苦妇女，不分军民，都必须纺纱；男人妇女都要学习织布。具体办法是：先垫官款购棉千斤，发给各户，每户1斤，令其纺纱。有先纺完及纱细者，花价免缴充赏；超过10天及纱稍粗者，赏价一半；超过20天及纱粗者，花价全纳；一月之外不完者，罚花1斤。纱纺好后，再令织匠教民织布，纺纱各家男妇须定日向织匠学织。同时，可以用罚布的方式惩办罪犯，罪犯也可通过缴纳棉布赎罪，把推广纺织放在了高于一切的位置。

　　自元代至明代，经过一二百年的传播，植棉纺织已基本推广到全国各个地区。成书于明代中叶弘治年间（1488—1505 年）的《大学衍义补》中说，棉花"至我国朝，其种乃遍于天下，地无南北皆宜之，人无贫富皆赖之，其利视丝枲盖百倍焉"，由此可见植棉纺织的普遍程度了。

　　在棉花的引入和推广过程中，由于人工培育和自然选择，在一些地区开始形成不同的棉花品种。据徐光启《农政全书》中载，当时的棉花主要分为江花、北花和浙花三大品系，各有不同的特点：江花产于湖北，纤维强紧，皮棉率不太高，20 斤籽棉可得皮棉 5 斤；北花产于河北、山东，纤维柔细，好纺织，皮棉率较低，20 斤籽棉只得皮棉 4~5 斤；浙花产于浙江、江苏，好纺织，皮棉率高，20 斤籽棉可得皮棉 7 斤。此外还有黄蒂、青核、黑核、宽大衣和紫花等特种棉。

　　与此相适应，棉花栽培技术也迅速提高。富有农业生产经验的江南农民，很快熟悉了棉花的生长习性和种植技术，并不断加以总结和改进，早在宋末元初就形成了一套雪水、鳗鱼汁浸种和及时中耕的有关技术。

　　元中叶后，江南的棉花栽培技术进一步提高，农民利用棉花的土地适应力较强的特点，在那些滨海盐碱地或高阜硗瘠而不适于水稻生长的荒地上种植棉花；在可种水稻的土地，则实行稻棉轮作，种棉 2 年，种稻 1 年。这样既保护了地力，又可减少虫害。稻棉轮作制的出现，又反过来促进了棉花种植的推广。

鼎盛发展的清代手工棉纺织业

　　进入清代，我国棉纺织业在明代的基础上有了进一步的发展。棉花栽培和棉纺织生产继续向全国各地推广，陆续涌现出一批新的棉花和棉布集中产区，植棉纺织呈现扩散和集中交叉发展的态势。纺织工具和纺织技术，尤其是纺织工具的制造和纺织工艺有了新的进步。棉花和棉布的商品化程度也有所提高。清代中期，即鸦片战争前，传统的手工棉纺织业的发展进入了鼎盛时期。棉花是当时最主要的经济作物，棉纺织成为产值最大的手工业，棉布具有仅次于粮食的广大国内市场，并出口国外。为棉布进行整理加工的印染业和踹布业更加兴盛，并出现了资本主义生产关系的萌芽。

1. 棉花栽培的进一步推广

在明代，棉花的栽培已传播到全国范围。清代在明代的基础上进一步推广，在那些尚无植棉习惯或植棉不普遍的地区，地方官府继续采取督导措施，发放棉种，劝民栽种。到清代中期，棉花的种植几乎遍及全国各地。

 2. 民间棉纺织业的长足发展

清代前期，由于没有官府经营的棉纺织业，民间棉纺织生产获得了长足的发展。

在多数情况下，清代的棉纺织业仍然是以农民家庭副业的形式存在，棉纺织业的发展和棉花种植的推广，在地区上是一致的。清朝地方官吏在那些非植棉地区倡导棉花种植的同时，也着手推广棉纺织业。如在贵州，在散发棉种、教民栽种的同时，又在省城南门外设局雇匠，教民纺织。在苏北、皖南、福建、云南一些棉纺织尚未普及的地区，也都采取了设局置机、教民纺织的推广措施。

棉花种植

明中叶以前，北方有些地区只种棉花，而纺织业并不发达，棉布绝大部分靠江南供给。明末时，这种情况逐渐改变，北方棉纺织业开始兴起。

进入清代，北方地区的棉纺织业进一步发展，在农户经济中占有越来越重要的地位。

到清代中叶，全国各省和州县，凡有棉花栽培的地方，就有棉纺织业。

和棉花种植的发展情况一样，棉纺织业也呈现扩散和集中交错的发展态势。集中方面，除原有的松江等著名纺织中心以外，又涌现出一大批新的棉纺织集中地，如苏州、钱塘江三角洲、湖广、四川一带。

清代前中期的棉纺织业，大部分还是以农民家庭副业的形式存在。自己种植棉花，再利用夜晚和农闲时间，将棉花纺成纱、织成布，产品主要满足家庭成员的衣被需要，这就是通常所说的"男耕女织""耕织结合"。

棉纺织业的专业化生产在清代前中期也有了明显的发展。当时有不少人脱离农业或其他职业，完全以纺织为生。如江苏无锡的一部分地区，居民不分男女，除织布纺花，别无他务。嘉定南翔镇，农作物只有棉花一种，居民的职业就是"以棉织布，以布换银"。这时从事棉纺织生产的，不仅有农民和村民，还有城市居民。

清代晚期的土法染布

城市的棉纺织业专业化程度更高一些。从事棉纺织业的城市居民，一般已经脱离农业，棉纺织是他们的专门职业。史书中有不少专赖纺织为生的例子。有些地方，甚至男子游手好闲，不务正业，专赖家庭妇女纺织挣钱养家。他们所用的棉花原料，自然是从市场购进，而不是自家生产的，有的甚至来自外地。

随着农工分离、棉纺织专业化的发展，棉纺织内部也出现了纺和织的专业分工。在明清时期，按照纺车和布机的生产效率，一般要 3 个人同时纺纱，才能供应一架布机所需的棉纱原料。当织布业脱离自给自足而为市场生产时，棉纱原料就不是在一个家庭内和织业相结合的纺纱业所能满足的了。在这种情况下，纺纱业也就有了分离出来、单独成为专业的必要。明后期已出现棉纱的专业生产，这种棉纱专业化生产，到清代有了进一步的发展。道光年间的贵州遵义东乡，棉纺织业就有"织家""纺家"之分。织家到当地市场购进来自湖南常德的棉花，用它到市场换纱；而纺家拿纱和他交换，每两纱可多得二钱至三钱棉花。这样，"纺、织互资成业"，并且形成了相应的市场机制。

3. 清代土布享誉国内外

清代前期，棉布生产数量巨大。作为仅次于粮食的第二大商品，在全国各地的交易十分活跃，在满足国内市场需要的同时，还大量出口。而且，清代棉布的织造和印染工艺都达到了很高的水平，以其均匀、细密、结实耐用和色彩艳丽、丰富等特点而享誉国内外。

手工棉纺织业的解体

1840 年发生的鸦片战争，是中国历史发展进程中的一个重大转折点，也是中国手工棉纺织业发展的一个重大转折点。鸦片战争后，中国由原来独立的封建帝国一步步沦为帝国主义共同支配下的半封建半殖民地国家。中国市场从东南沿海到内地，加速向世界开放。资本主义发达国家的各种工业品，首先是洋纱、洋布等机器棉纺织品，源源不断地涌入中国，国内的各种农副产品也越来越多地销往世界各地。中国被卷入了世界市场，沦为资本主义世界市场的附庸。中国原有的自给自足封建经济结构开始遭到破坏，以农村耕织结合形式存在的手工棉纺织业首当其冲。中国的棉纺织生产者曾一度顽强抵御，但分散落后的个体手工生产，根本不是资本主义社会化机器大生产的对手，终于败下阵来。中国手工棉纺织业开始解体。与此同时，资本主义的机器棉纺织业也在中国出现了。中国棉纺织业进入一个新的发展阶段，开始了新的艰难跋涉。

在鸦片战争中，英国侵略者用大炮轰开了中国的大门，清政府被迫签订了一系列不平等条约，同意开辟广州、厦门、福州、宁波、上海等 5 处沿海港口作为通商口岸，洋纱洋布随之立即涌进了中国市场。最先进入中国市场的是英国的棉纱棉布，后来美国、印度和日本的产品也相继进入。这 4 个国家销来的机制棉纱棉布，对古老的中国手工棉纺织业很快形成一股巨大的冲击波。

英国棉纺织品向中国的出口最早开始于 19 世纪 20 年代初。鸦片战争后，棉纺织品成为英国向中国出口的主要商品，经常占输华商品总值的 50% ~ 81%（鸦片除外）。第二次鸦片战争后，英国棉纺品在低关税和子口税的保护下，逐步由通商口岸深入腹地，由城市深入农村，销售范围不断扩大。这时，印度和美国的纱、布也大量涌入。在这种情况下，我国进口洋纱、洋布的数量急剧膨胀。中日甲午战争后，洋纱、洋布进口以更快的速度增加，日本的棉纱、棉布也潮水般地涌进了中国市场，并同美国、英国、印度三国展开了激烈竞争，中国已成为西方棉纺织业的商品市场。到 20 世纪初，每年洋纱进口达 200 余万担，洋布进口值 2 亿余元。与此同时，外国资本又开始在中国投资建厂，利用我国的廉价劳动力和原料，生产机纱机布，就地销售，中国又成了棉纺织业的国际投资市场。中国传统的手工棉纺织业处于洋纱洋布和机纱机布的夹攻之下，节节败下阵来。土纱土布逐渐被洋纱洋布和机纱机布挤出市场，手工棉纺织业开始解体。

由洋纱洋布进口引起的手工棉纺织业解体，其过程表现为两个步骤或阶段：首先是洋纱取代土纱，导致纺与织分离；接着是洋布取代土布，导致耕与织分离。在地区上，大体沿海沿江和交通沿线地区及城镇周围地区，纺织分离和耕织分离出现和完成较早，也较为彻底；交通闭塞的内地山区和偏僻农村，这一过程出现和完成的时间较晚，也不太彻底。洋纱替代土纱的具体过程，在多数情况下是先用洋纱作经纱，然后再用洋纱作纬纱。这显然是因为洋纱比土纱坚韧，当纱支同等粗细时，洋纱更适于作经纱的缘故。

洋布排挤和取代土布的攻势也在同时展开。它先是取代城市和非植棉区的商品布或用商品棉纺织的自给布，接着是取代某些地区自棉自纺自织的土布。

机器棉纺织业的产生与发展

洋纱洋布的倾销导致了中国手工棉纺织业的解体，加速了城乡棉纺织生产者、个体农民的失业和破产，客观上为中国近代机器棉纺织业的发生发展准备了产品市场和劳动力市场。到 19 世纪 70 年代，中国机器棉纺织业产生的历史条件成熟了。

中国第一家机器棉纺织厂是光绪十六年（1890 年）投产的"上海机器织布局"。该厂从 1878 年开始筹建，1890 年才部分投产；厂址位于上海杨树浦临江地方，按照纱机 3.5 万锭、布机 350 台配置全套机器设备。

织布局投产后，发展势头良好，纺纱利润尤高。但好景不长，1893 年 10 月，清花间起火，织布局全部被烧毁。1894 年 9 月，重新修复的工厂已部分恢复生产，计有纱机 64556 锭，布机 750 台。厂名则按李鸿章之意，改为"华盛纺织总厂"。以后华盛变为盛宣怀的私产。

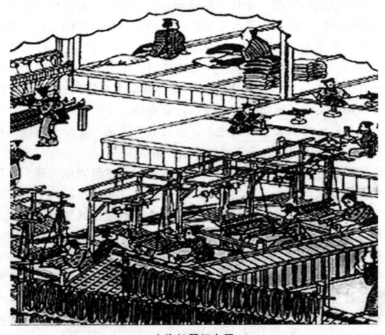

上海机器织布局

张之洞创办的湖北织布官局和纺纱官局是中国近代第二家机器棉纺织厂，1888年筹办，1893年1月投产。

湖北织布局的主要负责人都是追随张之洞的幕僚，与上海织布局重用买办、商人的情况不同，湖北织布局制度不健全，管理混乱，财务上更是凭张之洞东挪西借，毫无章法。该厂起初生产还算不错，棉布销路很好，棉纱更旺，但不久产销转衰，每况愈下，终至无法维持，被迫于1902年出租给商人。

湖北纺纱官局筹办于1893年，以分期付款的方式向英商购得9万余锭纱机的全套设备，能用湖北棉花纺制12～16支纱。计划中的官纱局分为南北两厂：北厂于1895年动工兴建，1898年投产，装机5万纱锭；南厂则一直未动工，所购机器后来被张謇拿去办了大生纱厂。

除了上海机器织布局——华盛纺织总厂与湖北织布官局、纺纱官局外，甲午战争前开办的机器棉纺织厂，还有作为华盛分厂的上海裕晋、大纯两纱厂，宁波通久源纱厂，以及朱鸿度创办的裕源纱厂。福州、重庆、天津、镇江、广州等地，也在积极酝酿、筹划设立纺织工厂。

到1895年止，全国共有机器棉纺织厂7家，合计资本额523万两，有纱锭18.5万枚，布机2150台。

甲午战争前，还出现了机器轧花厂。成立于1886年的宁波通久源轧花厂，是我国第一家机器轧花厂。1891—1893年间，上海、汉口两地又陆续成立了5家轧花厂。这些厂起初大多使用日本进口的足踏轧花机，以后才过渡到锅炉和蒸汽发动机。

甲午战争和八国联军侵华后，中国的民族危机空前深重，"实业救国"的呼声日益高涨，清政府也打出了推行"新政"的旗号，鼓励民间开办实业。在这种情况下，商办新式企业开始兴起，而机器棉纺织业成为发展最明显、最有影响的一个新兴行业。

商办机器棉纺织企业中，筹建较早和富有代表性的是张謇创办的南通大生纱厂。

张謇受张之洞的委派，从1895年开始，着手筹办南通大生纱厂。经过5年的艰苦创业，纱厂于1899年投产。

在张謇创办大生纱厂的同时，上海、宁波、苏州、无锡等地，也有几家纱厂成立。这一时期的商办机器棉纺织业在各方面都还处于起步阶段，大都资金单薄，技术和管理更是相当落后。

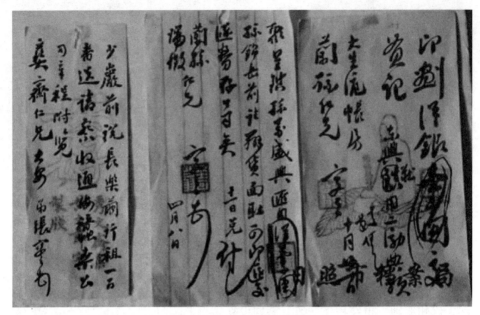

大生纱厂创办初期档案

　　基于上述原因，商办机器棉纺织厂的竞争力不强，经不起洋纱洋布倾销的压力，更无力同外资纱厂抗衡。市场上一有风吹草动，立即出现华资纱厂减资、减工或出租、出卖的情况。这说明半封建半殖民地条件下商办机器棉纺织业的脆弱性。

　　第一次世界大战期间，由于西方列强忙于战争，一时无暇东顾，暂时放松了对中国的经济侵略，洋纱进口减少了一半，减轻了洋纱对国内机纱的市场压力；同时，棉花出口减少，进口增加，原料充足。与此同时，社会和政治方面，全国人民的爱国反帝斗争高涨。所有这些，都大大促进了民族资本机器棉纺织业的发展。

　　这一时期不仅创设的纺织厂数量多，而且出现了一批大厂。上海的申新、永安、大中华，天津的裕元、华新、裕大、恒源、北洋，郑州的裕丰，武昌的裕华，石家庄的大兴等大厂，都是这个时期创办的，并初步形成了几个资本集团。

　　各厂的机器和技术装备，以及厂房建筑等方面，也较前一时期有所改进。纺织技术的研究和改进，国外优质棉花品种的引进和推广，也开始引起重视。

　　一战结束后，帝国主义加强了对中国的经济侵略，尤其是日本对华投资空前扩张。1921—1936年，日资纱厂的纱锭由37.2万枚增加到213.5万枚，布机由1986台增加到28915台，分别增长4.7倍和13.6倍；纱锭与华商纱厂相差无几，而布机则超过华厂；而且资本雄厚，设备较新，又是集中经营，其实力远远超过华商纱厂。不仅如此，日本还插足华北的棉花生产，操纵中国国内的棉花运销，垄断中国的棉花进出口贸易，使中国成为日本的棉纺织原料供应地。日本喧宾夺主，中国棉花必须优先满足日本棉纺织工业的需要。中国民族资本的投资环境急剧恶化。

在这种情况下，我国机器棉纺织业在经历1919—1922年的设厂高峰后，很快转入萧条期。进入20世纪30年代，由于世界经济大危机和日本占领东北三省，中国机器棉纺织业的境况愈加险恶。新厂建设基本停滞，老厂则因经营不景气，纷纷出租、改组、出卖，大批纱厂被日商兼并。

当然，20世纪二三十年代的中国棉纺织业也有其发展的一面，主要表现在机器设备、技术装备、产品结构和经营管理等方面的进步和变化。

不过这些技术装备方面的改进，主要限于少数大厂。更普遍的情况是机器设备老化和超期服役，产品成本高、质量低，在中外产品的市场竞争中处于劣势，尤其是在30年代的经济大危机时，更只有停工、倒闭或被兼并之途。

第二节
古代毛纺织

毛类纤维的种类

我国古代用于纺织的毛纤维原料有羊毛、山羊绒、骆驼绒毛、牦牛毛、兔毛和各种飞禽羽毛等多种，其中羊毛始终为主要毛纤维原料，使用量最多，像毡、毯、褐、罽等古代主要毛纺织品大多是以羊毛纤维制成的。

1. 羊毛

我国古代饲养的羊有绵羊和山羊两大品种。绵羊的毛纤维具有许多良好的纺织性能，如良好的弹性、保暖性、柔软性，质地坚牢，光泽柔和，特别是其表层的鳞片发育较好，适于卷曲，极富纺织价值。我国古代绵羊的主要品种有蒙古羊、西藏羊及哈萨克羊。蒙古羊原产于蒙古高原，后广布于内蒙古、东北、华北、西北等地，

蒙古羊

是我国饲养数量最多的一个品种。西藏羊原产西藏高原，后广布于西藏、青海、甘肃、四川等地。哈萨克羊广布于新疆、甘肃、青海等地。由于各个地区的自然条件、牧养条件不同，在各地又有许多亚种出现。不同品种、不同产地的绵羊，毛纤维质量是有差异的。西藏羊、哈萨克羊的毛纤维，在细度、长度、强度、弹性等方面都比较好，可织制精细毛织物。蒙古原种羊的毛纤维比较粗硬，适宜织制比较粗厚的织物和毛毯，特别是地毯。而江南、秦晋、同州等地的吴羊、湖羊、夏羊、同羊，虽同属蒙古种，但经所在地的长期饲养培育，其羊毛质量和西藏羊相近。

2. 山羊绒

山羊毛的纺织价值不高，但生长在长毛底下的绒毛却是不可多得的高级纺织原料。我国山羊的饲养和山羊绒的利用是从新疆经河西走廊逐步发展到中原各地的。据明代宋应星《天工开物》中记载：唐代末年自西域传来一种叫作矞芳的羊，这种羊外毛不很长，内毛却很柔软，可用来织绒毛细布。陕西人称它为"山羊"，以区别于绵羊。这种羊从西域传到甘肃临洮，现在兰州最多，所以绒毛细布都来自兰州，又叫兰绒；西部少数民族叫它孤古绒，这是一种十分高级的毛织物。

3. 牦牛毛

古人称牦牛为"犛牛"，牦牛毛织物为"犛毼"。我国利用牦牛毛纺织的历史较早。1957年在青海都兰县诺木洪发现的一处相当于周代早期的遗址中，

曾出土过一批毛织物，所用纤维经切片鉴定，可以分辨出里面有牦牛毛，说明当时青海地区已开始利用牦牛毛充当纺织原料。另据《魏书·宕昌传》中记载，聚居游牧于甘肃西南、四川西部、青海、西藏等地的西羌人，居住用的帐篷都是用牦牛毛和羖羊毛（山羊）织成的。

 4. 驼毛绒

我国的骆驼多产于蒙古、新疆、青海、甘肃等地，因而古代这些地区利用驼毛绒纺织较其他地区为多。汉代以前，由于采集分离驼绒技术不过关，纺出的驼毛绒纱质量不高，一般多用来和羊毛混织。如在新疆吐鲁番阿拉沟地区战国墓葬群以及今蒙古人民共和国境内诺因乌拉东汉墓中发现的含驼毛绒织物，皆为驼毛绒和羊毛的混织物。汉代以后，采集分离技术有了进步，纯驼毛绒织品才逐渐多起来。唐代时，今甘肃、内蒙古等地还曾将纯驼毛绒制成的褐、毡作为地方特产进献给朝廷。

 5. 兔毛

据《唐书·地理志》记载，隋唐时期安徽、江苏一带普遍利用兔毛纺织，叫作兔褐，其兔毛织品也曾作为地方特产，大量上贡给朝廷。另据记载，唐代安徽宣城一带地区用兔毛制成的兔毛褐，与锦、绮同等珍贵，很有特点，是当地的著名产品。

 6. 羽毛

大家可能对孔雀毛裘并不陌生，其实我国古代自南北朝以后一直将飞禽羽毛用于纺织，所选用羽毛也不只是局限于孔雀毛。据《南齐书·文惠太子传》中记载说：太子使织工"织孔雀毛为裘，光彩金翠，过于雉头远矣"，说明南齐时不仅用孔雀毛织作，也用野鸡毛织作。又据《新唐书·五行志》和其他有关记载说：安乐公主使人合百鸟毛织成"正视为一色，傍视为一色，日中为一色，影中为一色"的百鸟毛裙，贵家富户见了后争相仿效，以致使"江岭奇禽异兽毛羽采之殆尽"，说明唐代还曾用过许多种鸟毛织作。这种百鸟毛裙的织制工艺是极值得注意的，它是利用不同的纱线捻向以及不同颜色的羽毛，在不同光强照射下形成不同反射光的原理织制而成。这种织造法是唐代纺织技术的一大发明，为当时世界纺织工艺中所仅见。

 **毛纤维的初加工技术**

由于不同品种绵羊的生活习性以及各个地区的气候条件、饲养条件的差异，从绵羊身上采集下来的羊毛，往往因夹杂着各种各样的杂质而绞缠在一起，不能直接用于纺纱。初加工的目的就是去除这些杂质，松软羊毛，使其达到适合纺纱或加工成其他制品的状态。羊毛初加工一般包括采毛、净毛、弹毛三部分。羊毛经过这三道初加工程序后，就可用来纺织了。

 **1. 采毛**

采毛是指毛纤维的收集。古人最初用什么方法采集羊毛，古代文献中没有记载。南北朝贾思勰的《齐民要术》中出现了铰毛方法的记载，说明在此之前就已经有了铰毛技术。《齐民要术》中说：绵羊每年可铰三次毛，春天在羊即将脱去冬毛时，铰第一次；五月天渐热，羊将再次脱毛时，铰第二次；八月初胡葇子未成熟时，铰第三次。每次铰完之后，要把羊放在河水中洗净。寒冷的漠北地区，每年只能铰两次，即八月那次不能铰，否则对羊过冬不利。这种方法和现代采取的方法基本相同，说明古人对羊的生活习性已相当了解，知道何时铰毛既能得到质量较佳的羊毛，又对羊的生长影响最小。

山羊绒的采集方法有两种：一种是掐绒，一种是拔绒。掐绒是用细密的竹篦梳子从山羊身上将已脱或将脱的较粗的绒梳下。拔绒是用手直接从羊身上拔下较细的山羊绒。拔绒生产效率极低，一个人一天拔毛打成的线只有一钱重，费半年的工夫拔取，才够织作匹帛之料。若掐绒打线，每日所得，高于拔绒数倍。

 **2. 净毛**

净毛是指去除原毛上所附的油脂和杂质。净毛质量直接影响弹毛和纺纱工序。古代究竟用什么方法净毛，文献中没有明确记载。但从《大元毡罽工物记》中所载织造毛织物所用原料里常出现弱酸盐和石灰来分析，可能是用酸性或碱性溶液浸泡洗涤。

3. 弹毛

弹毛是将洗净、晒干的羊毛，用弓弦弹松成分离松散状态的单纤维，并去除部分杂质，以供纺纱。古代传统的弹毛弓形状和弹棉弓相似，只是因羊毛纤维比棉纤维长，单纤维强力和弹力也比棉纤维大，弹毛弓的尺寸可能要比弹棉弓相应大一些。

弹毛弓

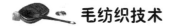 **毛纺织技术**

我国毛纺织技术的起源较早。传说早在夏禹时代，地处北方和西北的少数民族就已经有加工过的毛皮和毛纺织品了。这个说法是与历史事实吻合的，如在青海都兰诺木洪原始社会晚期遗址曾出土过一些毛织物残片，这些毛织物残片，经密约每厘米14根，纬密每厘米6~7根，经纬纱投影宽度平均约1毫米，最细0.8毫米；另外还曾在新疆罗布淖尔的公元前1880年遗址出土过一些毛织品，此处出土的毛织品，经纬密每厘米5~8根，经纬纱投影宽度平均约1.3毫米，最细1毫米。它们的出土，不仅印证了有关的传说，又弥补了文字记载的不足，显示出兄弟民族在3000多年前毛纺织技术已具有一定的水平。

商周时期，毛纺织技术逐渐趋于成熟。新疆哈密商代遗址出土的一批毛织物，组织除平纹外，还有斜纹及带刺绣花纹的产品，织物的经纬密度也比以前显著增加。吉林市星星哨周代晚期墓葬曾出土过一块毛布面衣，织制得也相当细致，每平方厘米的经纬纱均为20余根。经纬向密度的大幅度增加和斜纹组织的普遍利用，表明当时毛纺织技术已出现突破性进步。这时期，不仅边疆地区少数民族有毛纺织生产，在中原地区的纺织生产中毛纺织生产也占有一定的比重。据西周时期铸成的青铜器"守宫尊"记载：有个名叫周师的贵族，曾经赏给他一个叫守宫的下属"枲幕（即用大麻的雌麻纤维织的帐幕）五、苴幂（雌麻织的笪布）二、毳布三"。毳布就是当时织制的比较精细的毛织品。

秦汉时期，毛纺织技术又有了新的进步。在织造上，出现了挖梭法；在

汉代鹿头纹毛织物

织物组织上，开始广泛运用纬重平组织。1930 年英国人斯坦因在新疆古楼兰遗址发现的汉代挖梭毛织物，1959 年新疆民丰东汉墓出土的人兽葡萄纹罽、龟甲四瓣花纹罽是这时期的代表作。楼兰的挖梭毛织物，采用多种彩色纬纱织制出奔马和细腻的卷草纹，显示了新疆地区的民族风格。人兽葡萄纹罽和龟甲四瓣花纹罽，皆为纬重平纬纱显花织物。这两块织物的花纹图案比较复杂，前者上面织有成串的葡萄和人面兽身怪物，片片绿叶点缀其间，具有典型的新疆风格；后者上面织有龟甲状花纹，中间嵌有红色四朵瓣的小花，是中原地区传统的图案。

　　毛纺织技术的进步，推动了毛纺织生产的发展。秦以后，毛织品和毛毯这两大类毛纺织产品的产量十分惊人。据《资治通鉴》记载，北周武帝保定四年（564 年）农历正月初，元帅杨忠率领大军行至陉岭山隘时，看到因连日寒风大雪，坡陡路滑，士兵难以前进，便命士兵拿出随身携带的毯席和毯帐等物铺到冰道上，使全军得以迅速通过山隘。此事说明防风、隔潮、保暖性较好的毛织品和毛毯已成为军队中必不可少的军用品之一。

　　在元朝，毛纺织品由于是蒙古民族喜爱的传统服用织物，因而生产量骤增。为满足需求，元政府设置有大都毡局、上都毡局、隆兴毡局等多处专管毡、罽生产的机构。其中仅设在上都和林的局院所造毡罽，岁额就达3250尺，用毛1141700斤。据《大元毡罽工物记》记载，当时皇宫各殿所铺毛毯耗费人工、原料非常惊人，仅元成宗皇宫内一间寝殿中所铺的5块地毯，总面积竟达992平方尺，用羊毛千余斤。

明清两代，中原内地和边疆生产的毛毯开始大量销往国外。据《新疆图志·实业志》记载，当时仅我国新疆和田地区即"岁制裁绒毯三千余张，输入阿富汗、印度等地"，而其他"小毛绒毯，椅垫、坐褥、鞋毡之类，不可胜记"。此外，西藏地区生产的氆氇等毡毯也是当地内销和外销的主要产品。

 ## 毛纺与毛毯技术的发展

我国古代少数民族除利用各种毛纤维制作毛织物供衣着外，还利用毛纱编成毛毯。

毛毯的编织技术在新石器时代就萌芽了，在青海都兰出土的新石器时代的毛织物中同时就有毛毯的残片。它的编织方法是至今仍采用的8字结法，即在经纱上用一根叫雄纬的毛纱打成小结织制而成。毛毯上短毛密集，坐卧其上，感觉松软而有弹性，比兽毛皮优而无不及。兽毛皮不很经用，容易被磨光脱毛，而毛毯由于有无数的小毛结而经久耐用。

随着社会生产的发展，毛毯的编织技术也越来越精细。从新疆民丰出土的东汉毛毯残片就可看出，虽然它仍然采用8字结的编织方法，但底布更加紧密，毛簇也匀整平齐得多。那时，少数民族已开始用不同颜色的毛纱，按照预想的图案花纹，编织出绚丽多彩的毛毯。这一时期由于封建统治者的连年征战，军队装备中的毛织物也逐渐增多。毛毯在野战中常用于铺地、挂壁、坐垫，所以古书里记载当时的军事活动，常常谈到毛毯。

南北朝时，西北少数民族编织毛毯的技术，又有了新的发展。在新疆若羌米兰地区曾发现这个时期生产的毛毯，是采用S形打结法，底经底纬是斜纹组织。从毛纱结子的牢度比较，S形比8字形稍差些，但这样却便于采用较简单的机械来代替毛毯生产的某些手工操作，从而减轻了劳动强度。

到了元代，由于当时蒙古族的风俗习惯，对各式毛毯的需要量增加，毛毯的生产规模因此更大。《大元毡罽工物记》里，根据毯子的颜色、用途、产地命名的多达几十种，如白毯、内绒披毯、绒裁毯、绒剪花毯、鞍笼毯、衬花毯、大黑毯、柳黄毯、柿黄毯、银褐毯、红毯……真是琳琅满目。明清以后，中原内地和边疆生产的毛毯，除供达官显贵们享用外，也开始向欧洲出口。

自新中国成立以来，我国纺织工业出现新面貌，毛毯生产蓬勃发展，已从少数省份遍及全国各地，生产规模扩大，生产量增多。富有民族风格的新产品犹如百花齐放，这些新产品具有鲜明的立体感，根据画面要求，可以达到油画、国画、刺绣、雕刻、织锦等不同艺术风格的作品所能达到的效果，深受国内外人民喜爱。

知识链接

百鸟裙引发的生态灾难

据史书记载，由于安乐公主开了这种制作"毛裙"的风气，整个上层社会立刻风起效尤，结果造成了一场生态灾难。为了获得做鸟羽线的材料，长江、岭南的彩禽几乎被捕杀殆尽。到了唐玄宗登基之后，为了遏制奢靡之风，由朝廷正式下令禁止社会各阶层随意穿着这一类织鸟羽线的服装，采捕彩禽制作色线的风气才渐渐平息。

第四章

古代丝绸纺织

　　中国是蚕桑丝织业的发祥地，是丝绸的故乡。早在远古时代，我们的祖先就利用野蚕茧抽丝织绸；以后又将野蚕驯化为家蚕，野桑培育成家桑，开创了植桑养蚕业。绚丽多彩的中国丝绸，不仅是举世公认最华贵的服饰材料，而且是文化艺术的珍品，是古老灿烂的中华文明的一个重要组成部分。

第一节
丝绸发展的历程

 从考古文物看蚕桑丝绸的起源

　　中华民族的发祥地黄河流域，远古时代的气候比现在温暖和湿润得多。在黄河流域和长江流域地区，到处生长着中国特有的野桑和以野桑叶为食料的野蚕。在五六千年前，我们的祖先就开始利用野蚕茧抽丝，织造最原始的绢帛。以后又把野蚕驯化，并进行户内喂养。将野蚕驯养为家蚕，结茧缫丝织绸，由此出现了原始的蚕桑丝绸生产。自从 20 世纪 20 年代以来，我国黄河流域和长江流域地区都有史前时期有关蚕桑丝绸的文物出土，为我们考证蚕桑丝绸的起始时代、了解史前时期蚕桑丝绸生产的情况，提供了宝贵的实物资料。

　　1926 年，北京清华大学的一个考古队，在山西夏县西阴村一个距今五六千年前的仰韶文化遗址中，发掘出一枚被切割过的蚕茧。这枚蚕茧的出土，立即引起了世界性的轰动，因为它是当时能借以考证中国蚕丝起源的唯一实物凭证。这枚蚕茧的出土，使中国的"丝绸之源"之名获得了实证。

　　20 世纪 50 年代后，随着史前社会的大量丝织品、纺织工具和蚕、蛹饰物的相继出土，我国蚕桑丝绸起源之谜逐渐被揭开。

　　1958 年，在浙江吴兴县钱山漾一个新石器时代遗址中，发掘出一批丝织品，有残绢片、丝带和丝线等。经鉴定，绢片是用经过缫丝加工的家蚕长丝织造，采用平纹织法，每平方厘米有经纬纱 47 根；丝带为 30 根单纱分 3 股编织而成的圆形带子，可能供妇女用作腰带。这个遗址离现在有 4650—4850 年，也就是说在距今大约 5000 年前，太湖流域地区不仅出现了蚕桑丝绸生产，而且达到了相当高的工艺水平。经纬线均匀而平直，单位面积经纬纱数

良渚文化时期的红陶纺轮

量相等，结构相当紧密，表明当时已经掌握了缫丝技术，并有较好的织绸工具。显然，蚕桑丝绸生产已经存在了相当长的时间，蚕桑丝绸生产的起源时间比这要早得多。

浙江余姚河姆渡遗址的出土文物资料显示，大约在距今 7000 年以前，我们的祖先就可能开始利用蚕丝作为纺织原料了。

在黄河流域，1984 年河南省在发掘荥阳青台村一处仰韶文化遗址时，发现了距今约 5500 年的丝织品和 10 余枚红陶纺轮。这些丝织品实物大部分放在儿童瓮内，用作包裹儿童尸体，大都粘在头盖骨上。丝织品除平纹织物外，还有浅绛色罗，组织十分稀疏。这是迄今发现最早的丝织品实物。

除丝织品实物和纺织工具外，在距今 5000 年前的南北各新石器时代文化遗址中，还发现了若干蚕形、蛹形饰物。1921 年，在辽宁砂锅屯的仰韶文化遗址中，有一件大理石蚕形饰物出土，石蚕长达数厘米；1960 年，山西芮城西王村的仰韶文化晚期遗址中，发现了一个陶制的蚕蛹形装饰，陶蚕蛹长 1.8 厘米，由 6 个节体组成；1963 年，江苏吴县梅堰良渚文化遗址出土的黑陶上，绘有蚕纹图饰。

上述考古发掘资料说明，在距今 5000 多年前，黄河中游流域和长江下游流域地区，都已出现蚕桑丝绸生产，并有了相当程度的发展。其最初起源应当更早，或许可上溯到距今六七千年以前，其准确年代则有待新的考古发掘资料的证实。

商周时期蚕桑丝绸生产的普遍兴起

商周时期是我国历史跨入文明门槛之后的第一个大发展期，丝绸业也得到了极为迅速的发展。丝绸及蚕桑文字的出现，反映了丝绸在社会文化生活中的地位得到确立。周代已有反映蚕桑丝绸生产的诗歌出现，并有专门的贵族作坊生产丝绸。丝绸贸易也达到相当水平，通往欧洲的草原丝绸之路已初步开通。

从生产技术和艺术风格来看，当时还处于中国丝绸发展的初级阶段。桑树开始人工栽培，对蚕生理有了较深的了解，出现了热水缫丝及手摇缫丝工具，更为突出的是出现了提花织物和刺绣。商代青铜器上可以看到有几何纹的单层提花织物和复杂的绞经罗，是当时织造最高水平的代表。青铜器上还有刺绣的印痕及朱砂染色痕迹，说明当时丝绸艺术水平已相当高。到周代出现了织锦，虽然尚属初创，但已基本成型。这些都为秦汉时代我国丝绸技术达到第一个高峰奠定了基础。

这一时期，社会生产力和科学技术有了明显的进步。农业、手工业加速发展，青铜工具逐渐取代原始的石器、木器、骨器工具，农田水利灌溉初具规模，农业产量提高。在这种情况下，蚕桑丝绸生产普遍兴起，成为社会生产和整个国民经济的一个重要组成部分，养蚕、缫丝、织绸和染色技术也都有了明显的提高。

战国秦汉时期丝绸纺织的发展

战国秦汉时期是中国历史上空前强大繁荣的时期，丝绸日益普及，产区扩大，消费面扩大，当时已有"一女不织或受之寒"的民谚。汉朝在丝绸重

战国"采桑猎钫"上的采桑图

点产区齐鲁设置了三服官，还在京城设置东、西织室，使丝绸技术获得进一步提高并逐步定型，形成了中国丝绸技术的古典体系。

这一阶段的蚕桑生产以北方为主，南方则仍多产苎麻。桑树树型以高干桑为主，蚕品种在北方以二化性为主，南方则有多化性品种。

迟至春秋战国时已出现了两种织机及织造技术，一是踏板织机，用脚控制织机的开口；二是提花机，即用专门程序来控制经丝的提升规律。常用的组织结构是平纹组织，所有的起花织物组织也均由平纹组织衍生而来。此时尚无真正的斜纹组织可言，某些斜纹组织仅是不同的平纹通过并丝织法而产生的斜纹效果。纱罗织物基本都用四经绞罗，提花织物尤其是织锦的显花方式通常是经线显花。

这一时期的织物图案从几何纹起步，发展到动物与几何纹的结合，动物与云气纹的结合乃至动物与联珠纹的结合，总体来看是以动物为主要题材，用色偏暖。

战国和秦、汉时期，蚕桑丝绸生产出现了新的社会条件。战国时期，我国由奴隶社会进入封建社会，蚕桑和丝绸生产者逐渐获得人身解放。冶铁、铸铁业的兴起和发展，铁器工具和牛耕的普遍采用，农田水利的大规模兴修，加速了包括植桑养蚕在内的农业的发展和集约化进程。秦始皇统一中国，结束了诸侯割据的局面，推行统一文字、货币、度量衡以及车轨的重大措施，促进了地区之间经济、商业、文化、技术等方面的往来和交流。汉承秦制，并在王朝建立初期采取与民休息、薄徭轻赋、提倡农桑、鼓励商贸等进步措施，对外拓展疆域，巩固国防，积极开展外交活动，扩大同周边邻国和西亚、南亚各国的经济、商贸和文化交流，开辟了举世闻名的"丝绸之路"。所有这些，都极大地促进了蚕桑丝绸生产。战国、秦、汉时期，植桑、养蚕、缫丝、织绸、练染生产和工艺技术，都上升到了一个新的高度，越来越多的丝绸被输往国外，丝绸贸易成为对外经济文化交流最重要的内容之一。蚕桑和丝织技术也开始向周边国家传播，促进了蚕桑丝绸业在世界范围的发展。

 ## 魏晋隋唐五代的蚕桑丝织业

随着丝绸之路上东西文化交流的日益频繁，魏晋南北朝时期的中国文化呈现出一种多元融合的现象，它导致传统的丝绸技术体系中逐渐注入众多新的内容，终于在隋唐之际出现了较大的转折。

蚕桑生产由于其重心移至江南而使其生产技术更加适宜南方的环境，中低干桑成为桑树的主要类型，大量中低干桑密植桑园涌现。养蚕技术中已总

青铜手摇丝缫具"壬茧"甗

结出在上簇时加温的"出口干"之法，既有益于缫丝的解舒，又能保证江南丝绸纤薄的风格。缫丝车形制亦有较大改进，出现了完善的脚踏丝车。

在织造技术方面，织锦中斜纹组织和纬线显花被大量使用，绞经织物组织也多采用有固定绞组方式。织机的类型也随之更新换代，真正意义上的束综提花机出现，织机上开始使用伏综。

隋朝的建立，结束了南北分裂的局面，实现了全国统一。隋代历史虽只有短短37年，但实现和巩固了统一，迅速恢复了被破坏的社会经济，给唐代的发展打下了良好的基础。唐代是中国封建社会的鼎盛时期，出现了历史上有名的"贞观之治"和"开元盛世"，蚕桑丝绸生产加速推广，无论产量、质量，还是工艺技术水平，都达到了前所未有的高度。唐代是丝绸艺术风格最为多样化的时期，特别是宝花图案的应用使编织装饰主题从动物转向花卉鸟虫类。

所有这些都是在隋唐丝绸业繁荣发达的背景下进行的。隋唐时期国力的强盛，尤其是唐代社会的开放安定和富裕，促使唐代丝绸生产达到历史的一个高峰。开元天宝年间，全国庸调收入丝织品740余万匹，是为中国历代丝绸贡赋的最高值。当时在长安就有少府监织染署、掖庭局、贵妃院及内作使等机构下设官营丝绸作坊，在丝绸生产重地益州等处亦有各种形式的官办作坊。全国的丝绸产区也空前扩大，新疆、甘肃、云南、辽宁、山西等边远地区也有丝绸生产，而以江南、中原、四川盆地三大区域为盛，呈鼎足之势。丝绸外贸也空前发达，通往西域的丝绸之路基本畅通，同时，海上丝绸之路日趋繁忙。在这样的背景下，古典丝绸生产技术在吸收大量新因素的基础上形成了一个新的体系，主导了宋元明清时期的丝绸技术主流。

宋元明清丝绸纺织的发展

宋代开始，丝绸技术开始出现专门著作。北宋秦观的《蚕书》是现存最早的一册。此后有元代王祯的《农书》详细记载了各种丝绸生产用具并配了图，元代山西人薛景石的《梓人遗制》则是对当时各种织机的详细记录。明代的《农政全书》《天工开物》《便民图纂》等书均以大量篇幅记叙丝绸染织生产技术。清代书籍更多，其中最重要的是卫杰的《蚕桑萃编》、杨屾的《豳风广义》和汪日祯的《湖蚕述》等，均是系统记载丝绸技术的著作。这些著作的出现显示了丝绸生产技术体系的完善。

宋代以后，中国的经济重心南移；加上棉纤维的冲击，丝绸产区主要局限于太湖流域一带。就连皇家的丝绸作坊，也基本上集中在江南一带。

宋元时期的普通织机已广泛使用两片综片。起初为单动型的双综双蹑机，元代出现互动型双综双蹑机，取代了早期的中轴式单综织机。在束综提花机方面有小花本和大花本提花机两类，是中国古代丝绸技术最高标志之一。

宋元明清的工艺重心集中在织绣上面，基本放弃了印染这一技术在丝绸上的大量应用，这是由于丝绸产品的贵族化所致，也是因为中国丝绸技术确实很高而且碱剂印花更适合于棉的缘故。丝织品种中主要是缎、纱罗和起绒织物的发展，同时又有妆花技术的诞生。其图案则广泛使用各种花卉以及与此相配合的蜂蝶鱼虫、鹭鸶雁鹊之类；其造型风格也是写实主义，但多含有吉祥的寓意。

从公元960年北宋王朝建立到公元1840年鸦片战争爆发的880年间，我国的蚕桑丝织生产曾几次遭受破坏。金国统治北方时期，蒙古族和满族统治者入主中原初期，都曾使中原和长江流域地区包括蚕桑丝织生产在内的先进生产力遭到严重摧残。但是在中原先进文化的影响和熏陶下，他们逐渐认识到农桑生产的重要性，转而采取保护和促进农桑生产发展的措施。因此，从总体上说，宋、元、明、清统治者对蚕桑丝织生产都是非常重视的，蚕桑丝织业呈现持续发展的态势。

同以前比较，这一时期，蚕桑丝织生产有几个明显的特点：第一，在地区分布上表现为南盛北衰。长江中下游流域尤其下游太湖流域，发展成为全国蚕桑丝织业的中心，而黄河流域的蚕桑生产明显衰退，一些地区的蚕桑生产为棉花生产所取代。第二，封建政权对丝织工匠的控制逐渐放松，民间丝织手工业有了更大的发展，开始成为丝织业的主体。官府丝织业虽然在某个时期内有所扩大和发展，但总的趋势是规模缩小，在整个丝织业所占比重下降。第三，蚕桑生产和丝织生产有了明显的社会分工，养蚕户所缫的丝一般不再自己织绸，而是卖给专业机户。一些地区还出现了桑叶的专业和商品性生产，使桑叶、蚕丝和绢帛生产的商品化程度大大提高。正是在蚕桑丝织业全面发展的基础上，丝织业成为我国资本主义萌芽的先行军。

近代丝绸纺织的发展

清代晚期，西方先进的纺织技术开始对我国产生影响。不少实业界人士从西方引进新型的动力机器设备、新型的原料和工艺，并聘用西方技术人员在中国建厂，由此而诞生了中国近代丝绸工业，并出现了近代丝绸生产技术。

原料生产中，科学养蚕的兴起使蚕丝的产量更高，而机器缫丝厂的出现，先采用意大利式和法国式坐缫车，后又改用日本式立缫车，又使生丝的质量有了较大提高。此外，各种新型的人造纤维风靡一时，纷纷加入丝织的行列。

在织造技术方面，19世纪末，我国引进飞梭机构件，即在普通木织机上加装滑车、梭箱、拉绳，使双手投梭接梭改成一手拉绳投梭，既加快速度又加阔门幅。此后又利用齿轮传动来完成送经和卷布动作。20世纪初，进一步采用铁木机和电力织机，即织机构件大多为铁制，织机动力由电力驱动。在提花机方面，引进了贾卡式纹版提花机，后又逐渐扩大了针数并将机身改成铁制。

由于各种新技术的应用，我国的丝织品种也发生了很大的变化。与当代丝织品种基本相同的纺绸、缎、绨、绉、葛、呢、绒、纱、罗等均已出现，其中有许多品种如电力纺、塔夫绸、天香绢、织锦缎、古香缎、软缎、留香绉、乔其纱等一直使用到今天。

总的来说，近代丝织业有所发展，地区有所扩大，生产技术也有某些进步，机器织绸业和机器印染业、新式染料工业开始兴起，并增加了某些丝绸品种。但发展有限，总的趋势是不断衰落。由于西方列强在搜购蚕茧、生丝的同时，向中国倾销洋绸，有的还采用提高进口关税的手段，阻挡中国丝绸进入他们国家的市场，从原料和产品销售市场两个方面扼住了中国丝织业的脖子。在这种情况下，我国的丝织生产，优质原料减少，成本上升，内销不振，外销锐减，蚕桑丝绸业呈现畸形发展，丝织生产明显衰落。

知识链接

高铨与《吴兴蚕书》

《吴兴蚕书》作者高铨。成书时间在清嘉庆年间（1796—1820年），刊刻于光绪十六年（1890）。分上、下两卷。上卷为器具、树桑、辨种、蚕房、浴种、担乌、灼火、饲养；下卷为择叶、眠起、分鹅、下地、上山、灼山、回山、原病、留种、择茧、做丝、剥绵、治絮、祠神、占验。此书最早将蚕室分为小蚕房、大蚕房，并提出各种蚕室的适宜条件；最早详细记载放地蚕的饲养技术，将蚕病分为僵、花头、亮光、白肚、多嘴、干口、着衣娘、青蚕等症。书中对种茧蛾产卵、暖种、收蚁、眠起处理、蚕室加温、切叶、给桑、止桑、饷食、提青、除沙分箔、上蔟、蔟中保护、采茧、选茧诸项都载有先进的技术，并作了十分周详的叙述，因此被称为"本末赅备，精确绝论"。

第二节
丝绸的纺织与加工技术

 丝线的形成与加工

 1. 打绵线

将次下茧等无法用于缫丝的丝纤维抽去，采用纺纱的方法纺成可供织造的纱线的过程就是打绵线，打成的绵线主要用于织绵绸。

打绵线用的是纺缚。纺缚由纺轮和带有定捻机构的捻杆组成，十分简单，出现甚早，通用于麻纺织和丝纺织。《诗经·小雅·斯干》中说："乃生女子⋯⋯载弄之瓦。"其中的瓦就是纺缍。纺缚的形式后世一直沿用，但形制稍有变化，即用铜钱代替了纺轮，捻杆处再套以芦管，配合绵叉使用。

清代也有人使用脚踏纺车进行打绵线，但却很少有人用手摇纺车者，其原因正如《蚕桑辑要》所指出："丝绵芒长，力劲难扯，一手执茧，一手扯丝，必须用脚踏纺车方能成线。"

 2. 捻丝与合线

将单根丝线加捻称为捻丝，将捻后的丝合成股线称为合线。

捻丝合线在早期用纺锤，到后来则均用纺车，其原型就是摇纬车和纺锤的结合。这一结合约在汉魏时已经完成。安徽麻桥东吴墓中曾出土过一个纺锭，木质黑漆，上有定捻刻槽，可资证明。到五代北宋时已有手摇多锭纺车的图像出现，同时也有脚踏多锭纺车的实证存在。但无论是哪一种纺车，其原理均与纺锤相同，无非是采用轮绳进行加速或是将手的运动转移到脚上而已。手摇纺车一般可达二三锭，脚踏纺车则可多至三五锭，有的大纺车可达几十个锭子，主要用于丝、麻加捻，近代农村仍有所传，被称为捻丝车，遍布江、浙、川、鄂乃至新疆等地。合线则多用单锭，或先并丝后再加捻合成。

传统纺车

捻丝可用于织制起绉织物，也可以在需要特殊光泽时所用。合线则有多种用途，一种是造经，仍用于织造；另一种是合成各种各样的线，如花本线、旗脚线、横线、直线、滚头线、缝纫线等，可用于编织、刺绣等。

 3. 绒丝与劈丝

绒丝是粗而散、不加捻的丝线。宋代已有专门的绒线铺，即售此类丝线，通常用作花纬或绣线。绒丝的制作方法是先将生丝浸在清水中拍丝，并去除丝屑，分开粗细，然后进行练染。精练时要不断拍打，将丝打松打散，染成色彩，再用纬车进行并丝，同时摇上纡箭，通常是两根或三根一并。所得之丝为绒丝又称肥绒，具有较大的覆盖面，多用于妆花或插绣织物。

劈丝是将一根丝绒再劈成几个部分，主要用于刺绣。沈寿《雪宦绣谱》中说："凡绒（刺绣之绒称为花绒）一绞大约三十根，凡一根必两绒，劈时分两绒。"一绒即为花绒的 1/2，更细者曰丝，为花绒的 1/12。

 **缫丝**

蚕丝的主要成分是丝素和丝胶。丝素是近于透明的纤维，即茧丝的主体；丝胶则是包裹在丝素外表的黏性物质。丝素不溶于水；丝胶易溶于水，而且温度越高，溶解度越大。利用丝素和丝胶的这一差异，以分解蚕茧，抽引蚕丝的过程就被称为缫丝。

中国缫丝的历史是与丝织历史同样长久的。最初大概是在某种偶然的情况下，人们发现蚕茧可以在水中舒解，并试验出分离的丝缕是可以织作的，再后来逐渐摸索出水煮蚕茧抽引出蚕丝的技术。在新石器时代晚期，人们已能初步控制水温和沸煮的时间，而且抽丝的手法也较为熟练，表明缫丝已具有一定的技术水准了。

缫丝是一种说来简单实际却相当繁复的工艺过程，它基本上包括三道工序：

 1. 选茧和剥茧

选茧是将烂茧、霉茧、残茧等不好的茧剔除，并按照茧形、茧色等不同类型分茧。

剥茧是将蚕茧外层表面不适于织作的松乱茧衣剥掉。

选茧和剥茧是保证缫丝质量必不可少的两道工序。

 2. 煮茧

煮茧的作用是使丝胶软化，蚕丝易于解析。煮茧的关键首先是控制煮茧的水温和浸煮时间。如温度和浸煮时间不够，丝胶溶解差，丝的表面张力大，则抽丝困难，丝缕易断。反之温度过高，丝胶溶解过多，茧丝之间缺乏丝胶黏合，抱合力差，丝条疲软。另外，若前后温度差异较大，丝胶溶解不均，则必然使丝条不匀，产生类节。其次是必须控制换水的次数。蚕茧舒解后，大量丝胶溶化在水中，如不注意换水，水中丝胶含量就会越来越高，缫出的丝亮而不白。可是如换水过勤，水中的丝胶量少，不仅缫出的丝白而不亮，还会影响缫丝效率。

 3. 缫取

缫取的第一项工作是索绪，古人也叫提绪，即搅动丝盆，使丝绪浮在水中，用木箸或多毛齿的植物小茎将丝盆中散开的丝头挑起引出长丝；其次是理绪，将丝盆中引出的丝摘掉囊头（粗丝头），几根合为一缕；最后是将整理好的丝绪通过钱眼和丝钩络上丝车。

我国幅员辽阔，气候差异很大，大江南北的缫法略有不同。北方地区一直沿用把茧锅直接放在灶上随煮随抽丝的"缫釜"操法。大约自宋代起南方发明了一种将煮茧和抽丝分开的"冷盆"缫法。这种方法是将茧放在热水锅中沸煮几分钟后，移入放在热锅旁边的水温较低的"冷盆"中，再进行抽丝，从而避免了"热釜"法因抽丝不及，茧锅水温过高，茧煮得过熟，损坏丝质的缺陷，使缫出的丝缕外面还有少量丝胶包裹。此法缫出的丝，一经干燥，丝条均匀，坚韧有力，因而自宋以后历代江南一带所缫的生丝质量都特别好。

为了使缫出的丝能立即干燥，明代时人们开始采用在缫丝框下放置炭火烘干的办法，生丝随缫随烘，使缫出之丝脱离丝盆后，绕到轩上前便可干燥，既避免了缫取后丝缕彼此粘连，又可保证丝质白净柔软。宋应星在《天工开物》里将这种治丝经验总结为"出水干"。

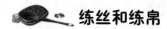 **练丝和练帛**

丝在形成过程中，不可避免地要伴生丝胶和混入一些杂质，这些丝胶和杂质虽然可以在缫丝时去除一部分，但是仍然会有少量黏附在丝素上，使生丝或坯绸显得粗糙、僵硬。所谓练丝帛，就是指进一步地去除这些丝胶和杂质，使生丝或坯绸更加白净，以利于染色和充分体现丝纤维特有的光泽、柔软滑溜的手感以及优美的悬垂感。练丝帛技术水平的高低，直接影响丝绸质量的好坏。历来习惯把已练的丝叫"熟丝"，未练的丝叫"生丝"，以示差别。"熟""生"含有精粗之义，"熟"犹精制，"生"犹粗制。

我国练丝帛的历史很早，早在商代就达到了很高的标准了。我国古代练丝帛的方法有许多种，常用的有三种：

 1. 草木灰浸泡兼日晒法

这种方法最早记载在战国时期的《考工记》中。其法是把业已缫制的生丝放进楝木灰与蜃灰的温水中浸泡，然后取出在日光下暴晒。晒干后，再浸再晒。这样连续数日，一面利用水温和水中碱性物质（楝木灰、蜃灰）继续脱掉丝上多余的丝胶和杂质；一面利用日光紫外线起漂白作用，使丝产生出其独特的光泽和柔软的手感。这种练丝工艺，沿用的时间最长，历代均曾采用，直到现代，大部分丝的精练也还是用碱性药剂。

 2. 猪胰煮练法

猪胰即猪的胰脏，含有大量的蛋白酶。丝胶对蛋白酶具有不稳定性，易被酶分解；而蛋白酶水解后的激化能力较低，专一性强，一般在室温条件下就能使蚕丝达到较高脱胶率，且不损伤纤维。这种方法可结合草木灰浸泡同时使用。此法最早记载虽见于唐代人的著作，但比较简略，较详细的记述见成书于明代的《多能鄙事》和《天工开物》。其法是先以猪的胰脏掺和碎丝线捣烂作团，悬于不受阳光直接暴晒的阴凉处阴干和发酵。用时，切片溶于含草木灰的沸水中，将待练的丝投于其中，沸煮。这是一种碱练、酶练结合的脱胶工艺，碱练是为了加快脱胶速度，提高脱胶效率；而酶练又具有减弱碱对丝素的影响，使脱胶均匀，增加丝的光泽等作用。

3. 木杵捶打法

这种方法也是结合草木灰浸泡法同时使用的。先以草木灰汁浸渍生丝，再以木杵捶打。生丝经过灰汁浸泡，再以木杵打击时，不仅易于使其上的丝胶脱落，且可在一定程度上防止丝束紊乱，而成丝的质量也优于单纯的灰水练，能促使丝的外观显现明显的光泽。

宋以前，捣练方式采用站立执杵。美国波士顿博物馆现存一幅宋徽宗赵佶临摹的唐人张萱《捣练图》画卷。画中有一长方形石砧，上面放着用细绳捆扎的坯绸，旁边有四个妇女，其中有两个妇女手持木杵，正在捣练，另外两个妇女做辅助状。木杵几乎和人同高，呈细腰形，形象逼真地再现了唐代妇女捣练丝帛的情景以及捣练时所用工具的形制。

宋以后，捣练方式逐渐发生变化，由站立执杵改为对坐双杵。从王祯的《农书》中记载来看，为便于双手握杵，杵长大为缩短，且一头粗、一头细，操作时双手各握一杵。这样，既减少了劳动强度，又提高了捣练效率。

以上几类方法，都能得到蚕丝精练的效果，而尤以第二种为佳。利用碱性物质练丝，能加速和较多地去除丝胶，但若用量过大，则可能损伤丝素。利用胰酶脱胶，可以得到相同的效果，而又不致使丝素受损，是较理想的方法。我国是世界上最早利用胰酶练丝的国家，西方国家直到 1931 年才开始利用胰酶练制丝织物，比中国至少晚了一千二三百年。

 知识链接

苏绣"丝绝"

据传，孙权曾派人到日本传授缝纫技术和吴地衣织，日本的"和服"就是由此而织成的，故又称"吴服"。这时，吴地丝绸通过海上"丝绸之路"远销罗马等地。与此同时，江南的刺绣织锦技术也已日趋完善。又据说孙权怕热，吴夫人亲自用头发剖为细丝，用胶粘接起来，以发丝为罗纱，裁剪成帷幔。从帐里往外一看，像烟雾在轻轻飘动，非常凉爽，时人称为"丝绝"。可知，苏绣早在三国时就已成为当时一绝，也难怪苏绣今天这么有名。这些都足以说明当时丝织品蓬勃发展的状况。

第三节
古代主要的丝绸品种

丝织物的种类很多，由于织造工艺不同，每个种类各有其不同的结构和特点。古代丝织物中具有代表性的几大种类有纱、绮、绢、锦、罗、绸、缎等十多类，而每一大类中又包含有许多品种。

纱： 嫌罗不著爱轻容

纱是最早出现的丝织物品种之一。古代的纱根据其本身组织可分为两种：一种是表面有均匀分布的方孔，经纬密度很小的平纹薄形丝织物，唐以前叫方孔纱；一种是和罗同属于纱罗组织，以两根经线为一组（一地经，一绞经）起绞而成的密度较小的织物。纱在南北朝时都是素织，后来花织逐渐增多，宋代以后更加繁盛。

薄如蝉翼的西汉素纱禅衣

由于纱薄而疏，透气性好，所以在古时应用范围较广，是各个时期夏服的流行用料。古代纱织物的名贵品种有很多，如轻容纱、吴纱、三法纱、暗花纱等。宋代亳州所出的轻容纱，在全国最为有名，陆游在《老学庵笔记》中形容它"举之若无，裁以为衣，真着烟雾"。马王堆一号汉墓曾出土过一件，平纹素纱蝉衣，表长 128 厘米，通袖长 190 厘米，重 49 克，用极细长丝织成，薄若蝉翼，可叠成普通邮票大小，其织作之精细，令人惊叹，是古代纱织物中的珍品。

纱的品种繁多，其中有一种绉纱，它表面自然绉缩而显得凹凸不平，虽然细薄，却给人一种厚实感。此外，由苎麻、大麻等植物纤维也可以织出别有风味的绉纱来。

罗：　罗纨绮缋盛文章

罗是质地轻薄、经纱互相绞缠后呈网状孔的丝织物。根据出土的商代罗织物残片来看，证明中国早在 3000 年前就已开始生产罗了。秦汉以后，罗织物日臻精美，成为流行织物。

罗，其实在远古的渔猎时代就已经有了，它最初是用来捕捉鸟兽的。原始的罗网，和编结的渔网差不多，孔眼较大，满是疙瘩结子，表面粗糙不平。编结一张鸟罗，很费工夫。随着编结、织造技术的发展，人们不断积累了一经验，发现采用简单的绞结方法，既可以使织物表面形成均匀孔眼，又可使经纬线相对固定。

用丝织制的罗孔眼多，轻薄透气，特别适宜做夏天穿的服装和帐幔。春秋战国时期，养蚕缫丝业十分发达，用蚕丝为原料的罗纹织物也风靡一时，有罗帐、罗幔、罗衣、罗裙、罗衾，等等，琳琅满目。在汉代长沙马王堆西汉墓中，就出土有朱罗、皂罗、烟色罗等染色不同的罗织品，从这些罗织品可以清楚地看到杯形菱纹提花罗等相当雅致的花纹。这些出土实物告诉我们，当时的织罗机已有提花束综和绞综装置，提花和织制技术都相当成熟。

西汉哀帝时（公元前6—前1年），我国生产的这些罗织物通过朝鲜传到了日本，随后织罗技术也就传了出去。隋朝时，中国的使者出使日本，看到日本的太子、诸王、大臣们已穿着日本自己生产的罗织物了。

唐代专门在京城长安设立了织罗的作坊，所生产的罗纹丝绸织品更为精细。当时，不少诗人常常把天空中的云与罗相比拟，如李商隐的一首诗中，就有"万里云罗一雁飞"的诗句。

到了宋代，罗纹丝织物的生产已达到了历史上的最高水平。当时的统治阶级从全国各地搜刮来的所谓"贡罗"，每年可达10万匹以上，在整个丝织

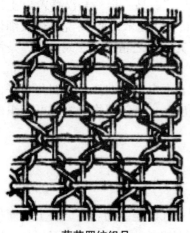

菊花罗纹织品

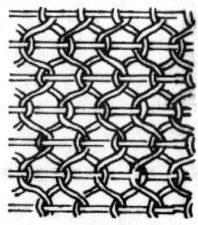

瓜子罗纹织品

品中占有很大的比重。其中江浙一带的"贡罗",又占全国的 2/3 以上,润州(今镇江)和常州织罗署出产的云纹罗更是驰名天下。由于唐宋时提花织罗机在结构上有了进一步的改革,所以在罗纹丝绸上可以织制出更加复杂的花纹来,当时著名的珍贵品种有孔雀罗、瓜子罗、菊花罗、春满园罗等。及至元明时期,随着织物加金技术的盛行,花罗愈加华丽。同时,罗织物的组织结构也变得较为奇特,它不是靠互相平行的经纱,通过经纬交织来形成组织;而是靠互不平行的地经和绞经,有规律地绞转后与纬线交织在一起,形成网纹状组织和外观,从织物表面看也没有纵横的条纹。古代的罗织物分为四经绞罗和二经绞罗两大类,前者多半用四根经线为一组织造,没有箝路;后者多半用两根经线为一组织造,显现箝路。由于通体扭绞的罗织造时不用箝,工艺较复杂,产量也较低,元代以后逐渐消失。不通体扭绞的罗因为织作方法比较简便,生产效率较高,售价便宜,因而在明清时期大为流行。

缎: 纤华不让齐纨

缎是指地纹全部或大部采用缎纹组织的丝织物,初名贮丝。缎纹组织是在斜纹组织的基础上发展起来的,它的组织特点是相邻两根经纱或纬纱上的单独组织点均匀分布,且不相连续。因单独组织点常被相邻经纱或纬纱的浮长线所遮盖,所以整个织物表面平滑匀整,富有光泽,花纹也具有较强的立体感,最适宜织造复杂颜色的纹样。缎纹组织的这些特点与多彩的织锦技术相结合,成就了丝织品中最为华丽的"锦缎"。宋朝的张元晏对一件缎制服装有过这样的生动描述:"雀鸟纹价重,龟甲画样新,纤华不让于齐纨,轻楚能均于鲁缟,掩新蒲之秀色,夺寒兔之秋毫。"鲜明地反映出缎织物的特点和它的可贵之处。

从出土文物的情况来分析,缎大致起源于唐代,唐代以后发展成为和罗、锦、绫、纱等织物并列的丝织物大类。宋元以后,缎类织物日趋普及,五枚缎、八枚缎等各种锻纹开始被大量应用,著名品种有透背缎、捻金番缎、销金彩缎、暗花缎、妆花缎、闪光缎等几十种。

绮: 同舍生波皆绮绣

绮是指平纹地起斜纹花的提花织物。绮的斜纹显花组织有两种:一种是由提花经丝浮线形成斜纹组织；另一种则是在原斜纹组织的两根经斜纹浮线之间隔一根平纹经线，即在花部组织上形成一根经斜纹组织点和另一根经平纹组织点的排列分布，也可以说是斜纹和平纹的混合组织。早期绮的纹样有杯纹、菱形纹、方纹等几何纹，如殷墟出土的菱形纹绮和回纹绮。汉代以后，绮的纹样更为多样，出现了对鸟花卉纹绮、鸟兽葡萄纹绮等。从晋到宋，还时有将绮作为官服的规定，如《晋令》中就有"三品以下得服七彩绮，六品以下得服杯文绮"的记载。

绮组织结构图

绫：异彩奇纹相隐映

绫是斜纹地起斜纹花的丝织物，是在绮的基础上发展起来的，初期的绫常和绮混称。从织物组织来看，两者既有其相似之处，又有其不同之处。相似的地方是其织品表面都有斜纹花，质地都较轻薄；不同点是绮为经线显花织物，绫为纬线显花织物，绫比绮花色变化要多得多；再则绮织品表面显类似缎织物的纹路，而绫织品表面则多显山形斜纹或正反斜纹。冰凌的纹理与山形斜纹相似，富有光泽，故汉代以前也把绫叫作"冰"。汉代的绫织物已十分精美，是当时价格最为昂贵的丝织品之一。三国时，由于马均改革并简化了绫织机，绫织物的产量开始大幅度提高，织出的纹样也更加复杂。唐代是绫生产的高峰时期，各级政府不仅在官营织染署中设有专门用来生产绫织物的"绫作"，还规定不同等级的官员服装必须要用不同颜色、不同纹样的绫来制作。唐代的绫织物品种繁多，仅见于文献的就有缭绫、独窠、双丝、熟线、鸟头、马眼、鱼口、蛇皮等名目。其中缭绫更是名噪一时，白居易在《新乐府·缭绫篇》中道出了这种绫的特异和可贵："缭绫缭绫何所似，不似罗绡与纨绮。应似天台山上月明前，四十五尺瀑布泉。中有文章又奇绝，地铺白烟花簇雪。织者何人衣者谁，越溪寒女汉宫姬。去年中使宣口敕，天上取样人间织。织为云外秋雁行，染作江南春水色。广裁衫袖长制裙，金斗熨波刀剪纹。异彩奇文相隐映，转侧看花花不定……"由此可见缭绫质地之佳。宋以后，绫除了用于服装外，还开始大量用于书画、经卷的装裱。

 锦：锦床晓卧肌肤冷

锦是指用联合组织或复杂组织织造的重经或重纬的多彩提花性织物。光从字面上看，锦字由"金"和"帛"组合而成，就足以表明它是古代最贵重的织品。

锦的出现，对纺织机械、织物组织甚至整体纺织技术的发展，影响极为深远。织锦技术的高低，可反映出各朝代或各地区的纺织技术水平的高低。

锦可分为两种：采用重经组织，以经线起花的叫经锦；采用重纬组织以纬线起花的叫纬锦。战国、西汉以前的锦均为经锦；自南北朝以来，纬锦开始大量生产，逐渐取代了经锦。

古代锦的品种繁多，不胜枚举，蜀锦、宋锦和云锦是其中最著名的三大名锦。

1. 云锦

云锦是南京生产的特色织锦，起始于元代，成熟于明代，发展于清代。云锦最初只是在南京官办织造局中生产，其产品也仅用于宫廷的服饰制作或赏赐，并没有"云锦"这个名称。自晚清后有了商品生产以来，行业中才根据其用料考究、花纹绚丽多彩犹如天空云雾等特点，称其为"云锦"或"南京云锦"。云锦有别于其他织锦，它以纬线起花，大量采用金线勾边或金银线装饰花纹，以白色相间或色晕过渡。以纬管小梭挖花装彩。云锦结构严谨，风格庄重，色彩丰富多变，织锦的纹样变化概括性很强，多用表示尊贵或祥瑞的禽兽（如龙凤、仙鹤、狮子等）、花卉（如宝相花、莲花、佛手、石榴、梅、兰、竹、菊等）以及表示吉祥的"八宝""暗八仙""吉祥""寿"字"卍"字作为主体，兼用各式模仿自然界奇妙云势变化的云纹作陪衬。云纹有行云、流云、片云、团云、朵云、回合云、和合云、如意云等多种变化纹。正是这些模仿自然界奇妙的云势变化，再经过艺术加工的云纹，使云锦图案达到了繁而不乱、疏而不凋、层次分明、突出主题的艺术效果。

云锦有妆花、库锦、库缎三大类著名传统产品。

妆花是云锦中织造工艺最为复杂的品种，也是云锦中最具代表性的产品。品种有"妆花缎""妆花罗""妆花纱""妆花锦"等；织物组织有"五枚

南京云锦

缎""七枚缎""八枚缎"之分；花纹单位有"八则""四则""三则""二则""一则"之别。妆花的纹样造型多为通幅大型饰满花纹作四方连续排列，亦有如明清龙袍那样通幅作为一单独纹样的大型妆花织物。妆花的工艺特点是通过挖花盘织，即把各种颜色的彩绒纬管，根据纹样图案作局部的盘织妆彩。因是采用挖花盘织工艺，彩纬配色非常自由，没有任何限制。为使织物上的纹饰呈现生动优美、富丽堂皇的艺术效果，一件妆花织物的花纹配色可多至二三十种颜色。

库锦是指用彩纬金线通梭织成的重组织锦缎。清代初期，库锦作为御用贡品，织成后即要送入内务府入"缎匹库"保管，故得此名。库锦的品种有库金、二色金库锦、彩花库锦、金彩绒等。织物的地组织多为缎组织，但也可用纱、绸、绢为地。其工艺特点是无论选用什么组织结构、选用多少色彩纬，纬线都是通梭织造，而且织物背面有扣背间丝，以便将正面不显花的浮纬压织在织物中。

库缎是在缎底上起本色花纹或其他颜色的花纹，又名花缎或摹本缎；也因是清代御用贡品，织成后即收入内务府的"缎匹库"而得名库缎。库缎的品种有本色花库缎、地花两色库缎、妆金库缎、妆彩库缎等。因多用于服饰用料，除匹料外，还有根据衣服上的结构，把花纹排列在服饰前胸、后背、肩部、袖面、下摆等显要部位的织成料。织成料相对匹料生产要容易些，前身正织，后身倒织，织后缝衣时花纹要对纹接章。

 2. 蜀锦

古代蜀地（今四川成都周围一带）所产的织锦，称为蜀锦。史载蜀地产锦早在战国以前，汉代时已名闻全国。三国时诸葛亮从蜀国整体战略出发，把蜀锦生产作为统一战争的主要军费来源。隋唐时期，蜀锦的织造技艺达到了新的高度，从花色品种到图案色彩都有新的发展，并以写实、生动的花鸟图案作为主要的装饰题材和装饰图案，从而形成了绚丽而生动的时代风格。两宋以后，受战乱影响，蜀锦工匠几次大量外流，使蜀锦生产受到严重摧残，声势明显下降，但它的传统纹样和机织工艺，对全国织锦业影响仍是巨大的。

唐代以前的蜀锦都是经锦，此后的蜀锦则主要以纬锦为主。

蜀锦织物质地厚重，织纹精细匀实，图案取材广泛，纹样古雅，色彩绚烂，浓淡合宜，对比强烈，极具地方特色。其纹样多用龙、凤、福、禄、寿、喜、竹、梅、兰、菊等，色彩除了传统的大红外，还用水红、翠绿、杏黄、青、蓝等较为柔和的色调作底色，以对比强烈的色彩作花色。近现代以来，蜀锦在继承传统的基础上又有了新的发展，最具特色的产品有：利用经线彩条宽窄的相对变化来表现特殊艺术效果的雨丝锦；利用经线彩条的深浅层次变化为特点的月华锦；在单底色上织出彩色方格，再配以各色图案的方方锦；根据落花流水荡起的涟漪而设计的浣花锦，等等。

 3. 宋锦

宋锦是一种用彩纬显花的纬锦，产于以苏州、杭州为中心的江南一带。由于其花纹图案主要是继承唐和唐以前的传统纹样，故又被称为"仿古宋锦"。相传宋锦是在宋高宗南渡后，为满足当时宫廷服装和书画装饰的需要，在苏州设立织造署而开始生产的，至南宋末年时已发展出紫鸾鹊锦、青楼台锦等40多个品种。宋朝廷文武百官还以宋锦为袍服，其纹样按职务高低各有定制，分为翠毛、宜男、云雁、瑞草、狮子、练雀、宝照等7种。明清时期苏州宋锦生产最盛，其宫廷织造和民间丝织产销两旺，素有"东北半城，万户机声"之称。清康熙年间，有人从江苏泰兴季氏家中购得宋代《淳化阁帖》十帙，揭取其上原裱宋代织锦22种，转售苏州机户摹取花样，并改进其工艺进行生产，由此苏州宋锦名声益盛。

根据织物结构、工艺、用料以及使用性能，宋锦通常可分为重锦、细锦、匣锦和小锦四类，它们各有其不同的风格和用途。

重锦是宋锦中最为贵重的一种，质地厚重精致，花色层次丰富。其特点是多使用金银线，并采用多股丝线合股的长抛梭、短抛梭和局部抛梭的织造工艺。常用图案有植物花卉纹、龟背纹、盘绦纹、八宝纹等，产品主要用于各类陈设品。

细锦是宋锦中最具代表性的一种。它的风格、工艺与重锦大致相近，只是所用丝线较细，长梭重数较少。以前用全蚕丝制织，近代为降低成本，多采用蚕丝与人造丝交织。由于织物厚薄适中，被广泛应用于服饰、高档书画及贵重礼品的装饰、装帧等。细锦的常用图案一般以几何纹为骨架，内填以花卉、八宝、八仙、八吉祥、瑞草等纹样。

匣锦是宋锦中的中低档产品，通常采用蚕丝与棉纱交织，工艺多采用一两把长抛梭再加一短抛梭，纹样多为小型几何填花纹或小型写实形花纹。由于经纬配置稀松，常于背面刮一层糊料使其挺括。匣锦多用于一般的装裱和囊匣。

小锦是从宋锦中派生出来的一种最轻薄的中低档产品，系平素或小提花织物，通常以彩条熟经为经线、生丝为纬线。因其质地较薄，故较适宜于裱装小件物品或制作锦盒。

宋锦色彩丰富，层次分明，不采用强烈的对比色，而是以几种层次相近的颜色作渲晕。宋锦的地纹色大多运用米黄、蓝灰、泥金、湖色等，主花的花蕊或图案的特征用比较温和而鲜艳的特用色彩，花朵的包边或分隔两类色彩的小花纹则用协调而中和的间色。各种颜色配合巧妙，形成了宋锦庄严美观、晕渲相宜、繁而不乱、典雅和谐、古色古香的风格。

缂丝： 通经断纬显奇功

缂丝在古代最初叫织成，后来因其表面花纹和地纹的连接处有明显像刀刻一般的断痕，近看犹如纬线刻镂而成，所以自宋代起又叫刻丝、剋丝、克丝。它实际上是一种以蚕丝为经线，各色熟丝为纬线，用结织技术织作而成的一种高级显花织物。

绯丝的起源最早可以追溯到汉代，当时的达官贵人在祭祀天地和参加重要典礼时的礼服就是用它为衣料制成的。晋以后绯丝织作技术有了较大进步，织品日臻精细，出现了一些以佛像、人物和各种物体作纹样主题的织物。同时它在织物中的地位也大为提高，除了皇帝的衮服逐渐地改用绯丝外，在其他需要织物显示尊贵的地方也一律以绯丝充任。至宋代，绯丝不仅在织作技术方面达到了完全成熟的程度，在制作原则上也起了很大变化，即从单纯制作服用的织物，发展为兼作专供欣赏的纯艺术品。宋、元、明、清四代出现了许多具有熟练技术的绯丝名匠，其中最为著名的有南宋的朱克柔、沈子番、吴煦，明代的朱良栋、吴圻等。他们都有不少传世佳作，如朱克柔的《莲塘乳鸭图》《山茶》《牡丹》等，手法细腻，运丝流畅，配色柔和，晕渲效果好，立体感强；沈子番的《青碧山水》《花鸟》《山水》《梅花寒鹊》，手法刚劲，花枝挺秀，色彩浓淡相宜。这些名家之作，不但可与所仿名人书画一争长短，有的艺术水平和价值甚至远远地超过了原作，对后世影响很大。

绯丝虽属平纹织物，但它的织法有别于一般织品，是采用通经断纬的方法织成的。织前，先将画稿或画样衬于经纱之下，织工用笔将花纹轮廓描绘到经纱上。织时，不是只用一把梭子通投到底，而是根据花纹图案的不同颜色，把每梭纬纱分成几段，用若干把具有各种色彩的小梭子分织。宋代庄绰

《莲塘乳鸭图》

曾在他写的《鸡肋篇》中对绯丝的织造特点有过详细描述："定州织刻丝，不用大机，以熟色丝经于木杼之上，随所欲作花草禽兽状。以小梭织纬时，先留其处，方以杂色线缀于经线之上，合以成文。若不相连，承空视之，如雕镂之象，故名刻丝。如妇人一衣，终岁可得，虽作百花，使不相类亦可，盖纬线非通梭所织也。"

宋代绯丝在我国纺织史上相当有名。当时，织制的大都是唐、宋名画家的书画，采用细经粗纬的纬起花法，以此来表现山水、楼阁、花卉、

禽兽、翎毛和人物以及正、草、隶、篆等书法，有名的缂丝织物都流传经世，一直作为我国古代纺织艺术的珍品被保存着。

 知识链接

缂丝能手朱克柔

朱克柔出身贫寒，原是云间人（今上海市松江县）。在松江地区缂丝和刺绣同为宋代丝织艺坛上的双璧，闻名全国。朱克柔从小就学习缂丝，积累了丰富的配色和运线经验。朱克柔织的缂丝，表面紧密丰满，丝缕匀称显耀；画面配色变化多端，层次分明协调，立体效果特佳，有的类似雕刻镶嵌。有一幅天蓝色地上缀着水红色茶花的织物，画面上蛱蝶翩翩起舞，茶花的叶面上有一块被虫蚀过，都细致入微地织出来。后世有人赞叹说：朱克柔织的缂丝，简直"有胜国诸名家"，并说："其运丝如运笔是绝技，非今人所得梦见也。"

《莲塘乳鸭图》是朱克柔的传世珍品。这幅缂丝艺术品，以在莲花和绿萍盛开的池塘中，游戏争食的子母鸭为中心，岸边的白鹭和翠鸟与之相映成趣，蜻蜓在飞舞，草虫在唧啾，把游禽、花卉、草虫、飞鸟等自然生态和奇山异石、潺潺流水等自然景色，浑然结合在一起，真可谓巧夺天工，精湛绝伦！

朱克柔的缂丝织品闻名于世，成为当时文人、官僚们争相抢购的对象，甚至连宋朝皇帝，也派宦官到江南搜刮，并亲自在一幅《碧桃蝶雀图》上题诗。

古代纺织机具

在我国几千年的文明史上，纺织生产在整个社会生活中占有极为重要的地位。我国古代人民发明创造的纺织机具，不但数量众多，而且在性能上也有许多独到之处。

第一节
缫丝与络丝机具

　　自秦汉至清代整个封建社会，我国进入手工机器纺织的发展时期。同手工机器纺织形成时期（相当于夏至战国）相比，这个时期的手工纺织机器得到了很大的发展提高，如缫车、纺车从手摇式发展成几种脚踏式，还出现了利用自然力作动力的水力大纺车，成为动力机器纺织的萌芽。

 缫车的发展与改进

　　我国是世界上最早养蚕治丝的国家，我们的祖先很早就发明了缫丝车及缫丝技术。

1. 手摇缫车

　　据推测，战国时已出现了辘轳式缫丝轩，即手摇缫车的雏形。

　　到隋唐时期，原来简单的丝框缫丝已发展成比较完善的手摇缫丝车了。当时，采用这种手摇缫丝车比较普遍，唐诗中就有"每和烟雨掉（摇）缫车"的诗句，说明农村妇女常常利用阴雨天摇缫丝车。

　　宋代，缫车又得以进一步完善。秦观的《蚕书》上详细记载了这种缫车的结构：在煮茧的小锅上面装一个铜钱，将茧丝穿过铜钱的眼子，使得丝缕粘并在一起，然后再往上"升缫于星"（鼓轮）过"添梯"（络绞装置），最后绕到"辘轳"（丝框）上。很清楚，为了防止卷绕到丝框上的丝缕叠起来，这时已有专门产生往复运动的络绞装置（即"添梯"）安装在缫车上。宋代，还出现了脚踏缫丝车，缫丝时就可以腾出两只手来进行索绪（找丝头）、添茧等操作，生产率大大提高。

元明时期，长江南北又出现了形式不同的缫车，即所谓南缫车、北缫车。在南方缫丝作业中有人改变了千百年来边煮茧边缫丝的煮缫联合作业方式，采取煮茧锅"另立一旁"，将煮好的茧盛在加有少量温水的盆中再进行缫丝，这就是所谓"冷盆"缫丝法。用冷盆缫丝法缫出的丝比热釜者"有精神，又坚韧"，因为这样缫丝可以防止煮茧太熟，煮茧如果太熟，丝胶脱净，丝纤维变得软弱无力。煮茧适度，丝胶膨润恰到好处，丝缕拉引出来，丝胶仍包在丝纤维外面，一经干燥，丝缕坚韧有力，既便于纺织，又保证丝绸质量。为使缫出的生丝立即干燥，有的还在缫丝框下放置炭火数盆。

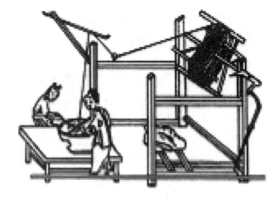

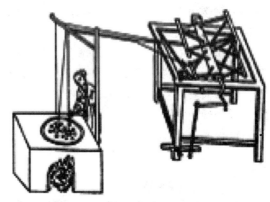

王桢《农书》中南北缫车图

 2. 脚踏缫车

脚踏缫车是手摇缫车的发展。使用手摇缫车时，一人投茧索绪添绪，另一人手摇丝轩，必须两人合作。脚踏缫车在丝轩曲柄处接上连杆而和脚踏杆相连，用脚踏动踏杆做上下往复运动，通过连杆使丝轩曲柄做回转运动；利用丝轩回转时的惯性，使其能连续回转，带动整台缫车运动。这样，索绪、添绪和回转丝轩就可以由同一个人分别用手和脚来进行了。

据王祯《农书》载，北缫车煮茧用的是落地方形灶，即垫釜，有水平连杆和角尺式踏板；南缫车用的是缸灶，即冷盆，有垂直连杆和长贴地踏板。

络车的发展

将由缫车上脱下来的丝绞转络到轩子上去的过程叫作络丝。

轩是从工字形绕丝器发展而来的，它的结构是两组十字形的辐，装上四条横梁；两组辐的中央都有圆孔，中间穿一根轴，就可绕轴回转，而把丝络在横梁上。

最初络丝是把丝的绪端直接绕到轩上，再用手指拨转轩，或者用手掌托轩轻轻抛转，从而把丝绕到轩上去。

王祯在《农书》中介绍的络车，是以细轴穿轩，用绳兜绕于轩轴上，手拉绳一引一放，则轩轴便随转随在高柱的通槽中旋升旋降，于是轩子便以惯性不断回转，从而把丝绕到轩子上。

古代络车

知识链接

汪日桢与《湖蚕述》

《湖蚕述》作者汪日桢，字刚木，号谢城，乌程南浔人。书刊刻于清光绪六年（1880 年）。全书分 4 卷。卷一，总论，蚕具，栽桑；卷二，浴种瀹种，护种，货钱，糊筐，收蚕，蚕禁，采桑，稍叶，饲蚕，头眠，饲食，二眠，出火，大眠，分替，铺地；卷三，缚山棚，架草，上山，撼火，回山，择茧，缫丝，剥茧；卷四，作锦，潎絮，生蛾，布子，相种，藏种，望蚕信，卖丝，纺织，赛神，二蚕，桑蚕，占验。作者汪日桢于清同治十一年（1872 年）参与重修《湖州府志》，专任蚕桑篇编纂工作，将明、清各蚕桑书中的重要内容分类辑录，刊入府志。《湖蚕述》即是他将所收集的蚕桑资料略加增损后单独刊行之本。书中保留了不少已经佚失的蚕桑资料，全面总结，论述了湖州蚕桑，是一本十分详尽反映湖州蚕桑科技水平的蚕书。

第二节
纺纱机具

 原始的纺纱工具——纺缚

当你走进明亮的纺纱车间，一定会被那高速回转的银色纱锭所吸引。一缕缕洁白的细纱飞旋缭绕，不到片刻套在锭子上的筒管已经绕满了纱……

纺锭，在图书报刊上常常见到它的图案，它是纺纱工业的象征。纱锭数是纺纱生产量的重要单位，人们常常用它来衡量一个纺纱厂生产规模的大小。每个锭子单位时间里的产纱量，也成了一个纺纱厂甚至一个地区或国家的纺织技术水平高低的重要标志。

这里就来谈谈纺锭是怎样起源的。

1. 纺锭的鼻祖

中华民族的祖先发明了一种原始的纺纱工具，这种工具看来十分简单，然而，它的工作原理却很科学，与今天的纺锭并无二致。这种纺纱工具，就

脚踏三锭纺车图

是现代纺锭的鼻祖——"纺缚"。

我国考古工作者于1958年在渭河下游陕西省的华县一个女性成人的墓葬中，出土了一批比西安半坡型仰韶文化还要早的石片、骨针和骨锥等实物，还有一个经过加工的"⊥"形鹿角。这批实物中的一些石片和"⊥"形鹿角经鉴定，除了用于纺纱加捻之外，很难找出还有其他什么用途。它们是到目前为止所发现的世界上最早的纺纱工具（在这以前所发现的是古埃及第十二王朝，即公元前1700年壁画上的纺轮）。"纺缚"这一名字，也是世界上最早用文字记载下来的纺纱工具名称。

纺缚，主要由缚盘（片）和缚杆两部分组成。当人手用力使缚盘转动时，缚自身的重力使得一堆乱麻似的纤维牵伸拉细，缚盘旋转时所产生的力偶，使拉细的纤维加捻而成麻花状。在纺缚不断旋转过程中，纤维牵伸和加捻的力也就不断沿着与缚盘垂直的方向，即缚杆的方向，向上传递，纤维不断被牵伸加捻。当使缚盘产生转动的力消耗完的时候，缚盘便停止转动，这时将加捻过的纱缠绕在缚杆上，然后再次给缚盘施加外力旋转，使它继续"纺纱"。尽管这种纺纱的方法很原始，但纺缚的出现，却给原始的社会生产带来了巨大的变革；它巧妙地利用重力牵伸和利用旋转力偶加捻的科学原理，一直沿袭到今天。它的出现并非偶然，它是我国纺纱技术发展史上一个重要的里程碑。

这种原始的纺缚，欧洲人称它为"纺轮"，日本人称它为"纺锤车"。

 ## 古老纺车两千年

纺车，是我国古代留传下来的一种古老纺纱工具，最早曾用来纺丝和麻，棉花出现后，又用来纺棉。"月色夜夜照纺车，木棉纺尽白雪纱"，这绵延不断的纱缕，象征着我国纺织历史发展的过程；这回转不息的纺车，也就成了具有代表意义的里程碑。

最早的纺车是用来纺丝和麻的。1957年，长沙出土了一块战国时代的麻布，它是用很细的苎麻纱织成，其经纬密度，每10厘米中经线有280根，纬线达240根，当时称为十五升布。它比现代每10厘米经纬各240根的细棉布还要紧密。纺这样细的麻纱，不但需要质地优良的苎麻纤维，更要有比纺缚先进的纺纱工具——纺车。

纺车的结构，从它一开始出现到现在，可以说基本上没有什么改变，纺车的竹轮就像今天自行车的钢圈那么大，而木制或铁制的锭子则像毛笔杆那样粗细。当竹轮回转一周，被绳弦带动的锭子就要转上七八十转。因此同时花一分钟，手摇纺车的锭子就比手搓纺缚的回转快上十多倍。纱线纺好后，把它反绕到锭子上去的速度也比纺缚快得多。据分析，纺车的生产能力起码比纺缚高 15～20 倍。纺车在当时就这样解决了纺与织之间的矛盾，把纺织生产推进到一个新的水平。与纺缚相比，纺车除了有较高的生产率外，所纺纱线的质量，也达到了较高的均匀性。所以说从纺缚到纺车，是纺织技术史上一个划时代的创造。

1. 脚踏纺车的诞生

纺车的发明告诉我们，早在两千多年前，我国劳动人民已经将曲柄、绳轮等机械原理用于纺织生产了。这在纺织机械发展史上，也是一件值得一提的大事。可是，早期的纺车开始还是手摇的，以手为原动力，一只手摇纺车手柄，另一只手捏住丝或麻，这样操作在纺麻时缺点还不明显，但到纺丝绵头（短丝）时就突出了。在封建社会，尽管劳动人民创造了美丽的丝绸，精

脚踏三锭纺车图

致的绫罗，但到头来一无所有。在棉花还没有普及到黄河流域的秦汉时代，劳动人民终年所穿，除了粗陋的麻布外，就是利用一些缫丝和纺丝的下脚料——丝绵头做粗帛。纺丝绵头开始也和纺麻一样，右手摇轮，左手握丝绵束，把纤维慢慢引出加捻。由于丝绵头的纤维比麻更细长而有劲，容易相互扭结，扯引既困难，又不易纺得均匀，如果能用两只手，一手握丝束，一手扯引纤维，就好纺得多。但是另一只手要摇手柄，不能来帮右手的忙。能否像操作织机那样，手脚并用，把手摇变成脚踏？织机的综片是上下运动，用脚踏控制比较容易实现。而纺车的竹轮做圆周运动，用脚踏使之进行连续的圆周运动进行纺纱，这在当时确是一项艰巨的改革。但劳动人民的智慧是无穷的，经过无数次的尝试，终于在一千多年前实现了这一变革，出现了脚踏纺车。

公元4～5世纪，我国东晋著名的画家顾恺之，在为一本书的配画中，有一张妇女纺纱图。此图经宋代人转刻如左图中三锭脚踏纺车的机构，除了原来的轮轴、绳轮外，又利用了偏心和摆轴等机械原理。借偏心作用，竹轮就顺利地旋转起来，并通过绳弦带动木锭子一起回转。这种脚踏纺车，起先可能只有一个锭子，后来根据不同的纤维，改进到同时纺三个锭子甚至五个锭子。三锭和五锭脚踏纺车的出现在当时来说真是了不起的成就。

脚踏纺车革新的成功，使我国的纺纱技术水平又进入了一个新的阶段。这种纺车在13世纪末，当棉花开始普及到江南时，又有了进一步改进而应用于棉花纺纱——这就是著名的棉纺织革新家黄道婆所作的革新。

 ## 2. 水转大纺车

水转大纺车，是我国纺织手工业发展到宋代，在纺织技术方面出现的一项先进的创造发明。元初王祯在他著的《农书》中，对水转大纺车作了科学的记录，并加以热情赞扬。

早在晋代（265—420年），我国南方地区已出现了脚踏三锭纺麻用的纺车。用这种三锭纺车将绩好的麻缕进行合并和加捻，比之手摇单锭纺车生产率要提高2～3倍。唐末农业和手工业有了较大的发展，商品贸易和城市经济也迅速发展起来。到了宋代，原来用手摇纺车和脚踏三锭纺车加工麻缕，已不能满足市场的需要，就迫切要求一种生产率更高的纺车来代替。于是，在

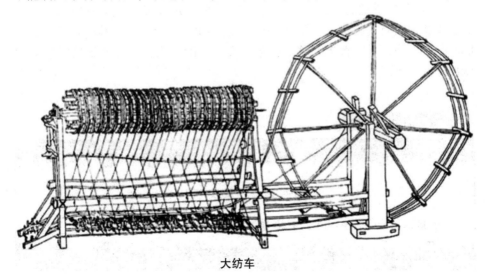

大纺车

三锭脚踏纺车的基础上，又产生了一种有30多个锭子的纺麻大纺车。

大纺车的出现，为当时纺织手工业作坊提供了先进的生产工具，从而为市场提供了大量的纺织品。

最初的大纺车也不是尽善尽美。它锭子多，传动起来比较费力。手摇纺车和脚踏纺车只须一只手或脚来做动力，而大纺车就要专人用双手来摇动转轮做动力。人力摇大纺车，是一种笨重的体力劳动。因此，有的地方就用畜力来代替人力。但牛、马、驴等牲畜是"农家宝"，耕地、驮载全靠它们，何况一般人家还养不起这种大牲畜，社会和生产方面的客观实际都要求以自然力来代替人力。

我国是一个水力资源丰富的国家，滔滔的江河，倾泻的瀑布，汹涌的海潮，都是可以利用的自然力。早在汉代，已利用水力鼓风，隋唐时期广大地区已利用水力磨粉、辗谷、提水等。所以宋元时，这种"与水转辗磨之法俱同"的水转大纺车，便在"中原麻苎之乡，凡临流处所多置之"。哗哗的流水冲击大纺车的木轮，大纺车"如虎添翼"，真是"愈便且省"。怪不得元初在江西做官的王祯看见这种水转大纺车以后，赞不绝口，并当即赋诗曰："车纺工多日百觔（斤），更凭水力捷如神。"

水转大纺车的出现，引起了当时一些倡导耕织者的重视，王祯就是其中之一。王祯在他的《农书》中，除了详尽地介绍了大纺车及水转大纺车的机构外，还专门描绘了它们的图样，并在书中写道："画图中土规模在，更欲他方得共传。"但遗憾的是，王祯的这一良好愿望并未实现。原因是元、明以后，棉花逐渐向全国普及，麻布在平民衣着中的主要地位开始被棉布所代替。麻布生产下降，所以水转大纺车就难以发挥它的作用，一直处于停滞不前的状况。

知识链接

黄道婆"衣被天下"

黄道婆（约1245—？），又称黄婆，松江府乌泥泾镇（今上海徐汇区东湾村）人。黄道婆的父母都是贫苦农民，迫于生活的重压，她十二三岁就被卖给人家当童养媳。她白天下地干活，晚上纺织到深夜，还要遭受公婆、丈夫的非人虐待，生活得十分痛苦。沉重的苦难摧残着她，她决心逃出去另寻生路。后来她就找机会随船到了海南岛的崖州，即现在的海南崖县。纯朴热情的黎族同胞十分同情黄道婆的不幸遭遇，不仅接受了她，让她有了安身之所，还在共同的劳动生活中，把他们的纺织技术毫无保留地传授给她。约1295年，黄道婆从崖州返回了故乡。黄道婆重返故乡时，植棉业已经在长江流域大大普及，但纺织技术仍然很落后。她回来后，就致力于改革家乡落后的棉纺织生产工具。她根据自己几十年丰富的纺织经验，毫无保留地把自己精湛的织造技术传授给故乡人民。她一边教家乡妇女学会黎族的棉纺织技术，一边又着手改革出一套赶、弹、纺、织的工具：去籽搅车，弹棉椎弓，三锭脚踏纺纱车……在纺纱工艺上黄道婆更创造了新式纺车。当时淞江一带用的都是旧式单锭手摇纺车，功效很低，要三四个人纺纱才能供上一架织布机的需要。黄道婆就跟木工师傅一起，经过反复试验，把用于纺麻的脚踏纺车改成三锭棉纺车，使纺纱效率一下子提高了两三倍，而且操作也很省力。这种新式纺车在淞江一带很快地推广开来。黄道婆除了在改革棉纺工具方面做出重要贡献以外，她还把从黎族人民那里学来的织造技术，结合自己的实践经验，总结成一套比较先进的"错纱、配色、综线、絜花"等织造技术，热心地向人们传授。因此，当时乌泥泾出产的被、褥、带、帨等棉织物，上有折枝、团凤、棋局、字样等各种美丽的图案，鲜艳如画。一时"乌泥泾被"不胫而走，远近闻名，附近上海、太仓等地竞相仿效。这些纺织品远销各地，大受欢迎，很快淞江一带就成为全国的棉织业中心，历几百年久而不衰。

　　虽然黄道婆在回乡几年后就离开了人世，但她的辛勤劳动推动了当地棉纺织业的迅速发展。

第三节
织造机具

 原始织机——踞织机

在原始社会，人们开始是像编筐编篮一样，用葛、麻等韧皮纤维来编织物。后来有了纺缚，葛、麻纤维的脱胶加工也逐渐完善，纺出的纱也比较柔软。这时，再用编筐编篮的办法编结织物，不仅费工夫，而且柔软的纱极易纠缠绕结在一起，给编结造成很大的麻烦。于是，人们设法把一根根纱线依次结在同一根木棍上，另一端也依次结在另一根木棍上，并把被这两根木棍固定了的纱绷紧，这样就可以像编席子或竹筐一样有条不紊地进行编结了。那绷紧的根根纵向的纱就叫经纱，依次横向织入的纱叫作纬纱。当整个经纱组成的经面被纬纱交织以后，织物也就编成了。这种原始的织造方法，在我国古籍中有所记载，称为"手经指挂"。

但是，"手经指挂"付出的劳动代价太大了，而且不能满足社会日益增长的需要。人类总是不断发展的，永远不会停止在一个水平上。实践使得人们聪明起来，人们对事物分析综合的能力逐渐提高。那么多经纱，其实不外乎单数的、双数的两类，纬纱的织入只不过是从这单、双数两类经纱中穿过，它的一面全部是单数经纱，另一面全部都是双数经纱，反之亦然。拿一根木棍，像纬纱一样一下子就把全部经纱按单、双数分开来，这样在所有单数经纱和双数经纱相分离的部分便交叉形成一个织口。纬纱每穿过一次织口，便完成一次操作。为了保证经纬纱交织紧密，再用一把扁平的木刀或骨刀，把纬纱打打紧。这就是现今人们称之为"打纬"的一项操作。

随着生产的进一步发展，原始织机的组件也逐渐完善起来。人们除了用绞纱棒分离经纱的单、双数以外，又开始采用线综装置。线综是提升经纱的

中国最早的水平踞织机

组件，织平纹织物时要有两列线综。通过线综套环分别把单、双数的经纱联系起来，织造时只要将两列线综分别提起或拉下，即形成织口，便于引入纬纱。这种原始织机，还没有一个像样的机架，操作者坐在地上或竹榻上织造，所以人们叫它踞织机。

直到秦、汉时期，这种简单的织机在我国西南兄弟民族地区仍广泛采用。在云南晋宁石寨山发掘的一个汉代贮贝器的盖子上，就有一组古代兄弟民族妇女用原始织机织布的塑像。画面上织布妇女都席地而坐，她们有的正在用木刀打纬；有的正在细心地用嘴唇把断纱抿湿，准备接起来再织；还有一位正在理顺经纱，准备将纬纱穿入。塑像形态逼真，向我们展示了一幅家庭纺织的鲜活劳动场面。

在某些偏僻山区，原始踞织机就像"活化石"一样被保存下来。如我国台湾省的兄弟民族妇女，在使用这种原始织机时，把脚蹬的那个卷布辊改成一个大的木制空筒。织造时，随着引纬、打纬等动作的进行，纱线剧烈振动，经过木筒空腔的共鸣作用，发出时而低沉时而高昂的音响，在阿里山的幽谷中回荡。

利用原始织机怎样才能织出美丽的花纹呢？这从我国海南岛黎族妇女织制某些衣饰的时候可以发现，她们是利用一把挑花刀，按照预先设计的花纹图案将不同色纬织入。这种挑织法生产效率相当低，目前只有山区的兄弟民族织制头巾之类的工艺品时还使用。

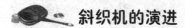 ## 斜织机的演进

我国的踏板织机约出现在战国时期。《列子·汤问》中记载了一个纪昌学射的故事，说他"偃卧其妻之机下，以目承牵挺"，这牵挺可能就是踏脚板。但是，踏板织机的最早图像出现较多的是在东汉时期的画像石上，如山东滕县宏道院和龙阳店、嘉祥县武梁祠、肥城西北孝堂山郭巨祠、济宁晋阳山慈云寺、江苏沛县留皇城镇、铜山洪楼、泗洪曹庄、四川成都曾家包等地均有所见。

操作古老的踞织机，全靠两只手反复交替进行，生产效率很低。另外，用踞织机织制，人是席地而坐，地上尘土难免沾污经纱，这对于织造高级的丝绸来说，更是一个大麻烦。因此，早在汉代以前，人们就开始对踞织机加以改革。

由于斜织机的经面与水平的机座呈50～60度的倾角，所以后人叫它斜织机。坐着操作斜织机的人，可一目了然地看到开口后经面是否平整，经线有无断头。

斜织机应用杠杆原理，用两块踏脚板分别带动两片综。当用脚踏动踏板时，被踏板牵动的绳索牵拉"马头"前俯后仰，从而使得两片综上下交替升降。这种以脚踏的办法代替手做功，早在汉代以前就已出现。如利用杠杆原理脚踏舂米，人们一面用脚踏舂米，一面用手拿棒翻谷，或是拿簸箕添谷。斜织机改用脚踏提综，手就可以更快地引纬、打纬，织布速度和质量都有

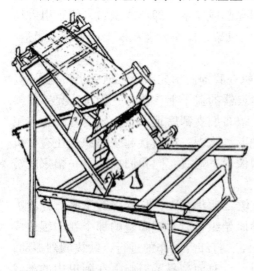

汉代斜织机复原图

提高。

这种斜织机比踞织机结构复杂些，它还有离地一定距离的机架，经面腾空，对于织造丝绸这种高级产品比较有利。春秋战国时，桑麻种植比以前广泛，丝、麻产量增加，对布帛的需要量也增多，斜织机便很快代替了古老的踞织机。我国中原地区当时出产著名的"齐纨""鲁缟""卫锦""荆绮"等丝绸织物，可能就是用这种织机织造的。据记载，战国时各国诸侯馈赠的丝绸数量，就比春秋时高达百倍。秦、汉时期，斜织机在我国中原地区已很普遍，不仅用来织丝绸，农家也用来织麻布等。一般农村中较富裕的家庭，也大都使用了这种结构基本定型的斜织机。由于斜织机的普及，出现在东汉画像石上自然就比较多，而且在形式上也基本一致。

脚踏织机是我国古代劳动人民的伟大发明。后来通过"丝绸之路"，逐渐传输到中亚、西亚和欧洲各国。欧洲是6世纪时开始出现的，直至13世纪才被广泛应用。

多种多样的原始腰机

腰机最明显的特征是将织轴用腰背或腰带缚于织造者腰上，根据人的位置来控制经丝的张力；在经轴与织轴之间，也没有固定距离的支架。腰机的种类相当多，有部分腰机尽管其织轴是缚于织造者腰上，但却有较完整的机架，我们把这类腰机称为踏板腰机，归于踏板织机一类。而大部分腰机因没有完整的机架，依赖于提综杆开口，这就是我们所称的原始腰机。

在我国广大的新石器文化遗存中，均不同程度地出土过原始机具部件，如浙江河姆渡遗址、河南磁山——裴李岗遗址、浙江杭州良渚文化遗址等。但把这些原始机具部件定为原始腰机，却是近现代民族学的调查和比较研究的结果。在我国广大的少数民族地区都保存了原始腰机的织造技术，所用机型可分为两类：一是以脚来固定经轴的足蹬腰机，二是利用简易的木架来固定经轴的悬轴腰机。

足蹬腰机在今日黎族、彝族等聚居地应用极广，云南晋宁石寨山出土汉代贮贝器上的人物形象亦可作为足蹬腰机的实例。悬轴腰机在目前少数民族中的使用亦极广，不过其形制略有不同，如云南德昂族腰机的经轴被高高地悬在木结构房屋的上部；新疆维吾尔族腰机的经轴被固定在两根地桩上；云

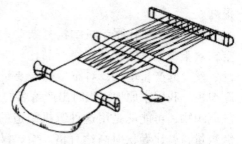

南文山苗族使用的腰机则有一专用于固定经轴的木架。这类悬轴腰机的经轴通常就要配有"胜花"或称"羊角"，即经轴两端的棘轮，它在织造过程中可以控制经丝的渐放。这类胜花的图案曾大量出现在新石器时代的彩陶、纺轮艺术上，或能说明悬轴腰机出现亦相当早，大约在新石器时代早期已是足蹬腰机和悬轴腰机并行了。

良渚出土的原始腰机复原

 ## 双轴织机

汉刘向的《列女传·鲁季敬姜传》中有一段"敬姜说织"的文字："文伯相鲁，敬姜谓之曰：'吾语汝，治国之要尽在经矣。夫幅者，所以正曲枉也，不可不强，故幅可以为将；画者，所以均不均、服不服也，故画可以为正；物者，所以治芜与莫也，故物可以为都大夫；持交而不失、出入不绝者，梱也，梱可以为大行人也；推而往、引而来者，综也，综可以为关内之师；主多少之数者，均也，均可以为内使；服重任、行远道、正直而固者，轴也，轴可以为相；舒而无穷者，摘也，摘可以为三公。'文伯再拜受教。"

在这段文字中，敬姜把治理国家比作织造时对经丝的处理，选用官员犹如使用织机上的部件，因此，这段文字其实也就是对当时织机的描述。据考证，幅即幅撑，画即筘，物是一种棕刷，梱是开口杆或挑花杆，综为综杆或综统，均乃分经木，轴为卷布轴，摘为经轴。根据这些机具，我们可以复原出一种水平式双轴织机，称为双轴鲁机。

双轴织机用连接经轴和卷轴的机架取代了人的身体，是一种介于原始腰机和踏板织机之间的织机类型。机身除水平式之外，还有垂直式，如近代仍用于织丝毯的织机就是一种垂直式双轴机。

踏板卧机

踏板卧机的基本特征是机身倾斜，单综单蹑，依靠腰部来控制张力。具体来说，踏板卧机又可分为没有采用张力补偿装置的直提式卧机和采用了张

力补偿装置的提压式卧机两类。在我国湖南瑶族地区使用的织机属于第一类直提式卧机。它由两根卧机身和两根脚柱组成机架，机架之外主要的开口部件就是一个架在直机身上的提综杠杆，中间是转轴，轴后一根短杆，通过绳索与脚相连，轴前两根短杆，提起一片综片。最简单的提压式卧机是湖南湘西土家族用的打花机，它也有倾斜的卧机

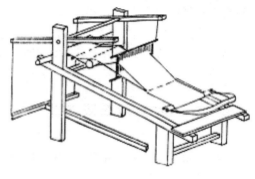

湘西踏板卧机

身，直机身在中，上有一对鸦儿木，一端连着脚踏杆，另一端连着综片开口，但开口机构中的最根本的区别就是采用了张力补偿装置，即在把脚踏杆与鸦儿木的后端相连时，中间还连有一根压经杆。

对于踏板卧机的最早形象描绘是在四川成都曾家包东汉墓的画像石上，而最为明确的记载则是元代薛景石的《梓人遗制》。这类织机在民间一直还在使用，湖南浏阳夏布、陕西扶风棉布等均是用这类织机织造的。这类织机在日本和韩国也均有极广泛的分布。

单动式双综双蹑机

从历代藏画中看，自唐宋起，踏板织机较多采用双综式，即用两蹑分别控制两片综，两综分别开两种梭口，以织平纹织物，经面大体是水平状。传为南宋梁楷的《蚕织图》及元代程棨本的《耕织图》中都绘有踏板双综机。两机形制基本一致，有一长一短两块踏板，长的脚踏板与一根长的鸦儿木相连，控制一片综，短的脚踏板与两根短的鸦儿木相连，控制另一片综。两组鸦儿木架在织机中间的机架上，这个机架相当于早期的"马头"处，但远比马头大。经面也不再像汉代斜织机那样倾斜，在织造处经面基本水平。而经轴位置稍高，中间用一压经木将经丝压低，亦是一种张力补偿机构。明代的《便民图纂》中所绘织机与此相同。这种双综机是用踏脚板通过鸦儿木使综片向上提升而开口的，在开口时，两片综之间没有直接关系，是由踏脚板独立传动提升的。因此，我们把这种双综踏板机称为单动式双综机。

单动式双综机现在仍在继续使用。现存的缂丝机也属此类，不过，它的

鸦儿木乃是横向安置。在机架顶上，有一根与经线同向的轴，轴上安置两片与纬丝同向的鸦儿木，机下是两根与鸦儿木同向的踏脚杆，杆与鸦儿木在机边用绳相连。这种装置颇有些类似明清时提花机上的范子装置。

互动式双综双蹑机

约于元、明之际，互动式双蹑双综机出现了。这种织机的特点是采用下压综开口，由两根踏脚板分别与两片综的下端相连，而在机顶用杠杆，其两端分别与两片综的上部相连。这样，当织工踏下一根踏脚板时，一片综就把一组经丝下压，与此同时，此综上部又拉着机顶的杠杆，使另一片综提升，形成一个较为清晰的开口。要开另一个梭口时，就踏下另一块踏脚板。这种开口机构十分简洁明了，在欧洲十二三世纪已十分流行。中国的素织机从单动式向互动的演变，可能得益于 13 世纪东西文化交流的兴盛。我们现在能在民间看到的双综双蹑机，基本上就是这种形制。

提花机及其革新

日常生活中，经常看到提花被面，提花毛巾，提花毛毯，提花手帕等形形色色的提花纺织品。这些提花织物，都是以经线或纬线变化而形成花纹图案的。早在三四千年以前，我国古代劳动人民就逐步掌握了提花织造技术。

1. 多综式提花机

一般认为，汉代已出现了多综式提花机。可靠的证据来自《三国志·方技传·注》："旧绫机五十综者五十蹑，六十综者六十蹑。"三国时期说旧绫机显然就是汉代的情况。这种一蹑控制一综、蹑综数量相等的织机，应是踏板式多综提花机，今人称为多综多蹑机。当然，在此以前应该还有手提多综提花机。

踏板多综机的机型至今仍可在四川双流县找到，称为丁桥织机。其实这是一种栏杆织机，在全国各地都有分布。其特征是用一蹑控制一综，综片数较多，但是幅度较狭，仅能织腰带而已。丁桥织机所用的综有两种：一种是提综、又称范子，综眼上开口，踏板通过鸦儿木将范子提升；另一种是伏综，又称占子，是下开口的综眼，踏板直接拉动占子的下边框将综片压下，经丝也就压下，此占子由机顶的弓棚弹力回复。当然，丁桥织机不等于汉代的踏板多综机，因为汉代尚无伏综的出现，其织物的幅宽也远远大于丁桥织机上的幅宽。不过，其主要原理应该是相同的。

 ### 2. 竹编花本式提花机

竹编花本机约出现在汉代，它的形制在今日的广西、湖南、贵州境内保存颇多，当地一般称为竹笼机或猪笼机。其特点是一只挂在机上的大竹笼，竹笼上排列着 100 根左右的提花竹棍，与吊综绳结成花本。在提花开口时，它经历了以下步骤：凡是要提升的经丝穿入在竹棍之前的综线，不提升者则在竹棍之后，这样提花竹棍就把两组综线分开；然后，把竹笼上提，使经丝形成开口，再用压经板和开口竹管等工具使开口更加清晰；而作为花本的竹棍则移到竹笼的另一面排在最后，以做下一循环。这一原理十分科学。

竹笼机的形制虽是在近代才发现的，但古代史料中亦能找到它的踪迹。东汉王逸在《机妇赋》中所描述的那台提花机，应该就是竹编花本机。其赋文如下："胜复回转，刡象乾形。大匡淡泊，拟则川平。光为日月，盖取昭明。三轴列布，上法台星。两骥齐首，傻若将征。方员绮错，极妙穷奇。虫禽品兽，物有其宜。兔耳趶伏，若安若危。猛犬相守，窜身匿蹄。高楼双峙，下临清池。游鱼衔饵，瀺灂其陂。鹿卢并起，纤缴俱垂。宛若星图，屈伸推移，一往一来，匪劳匪

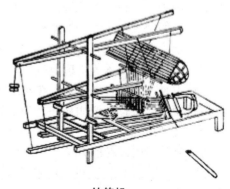

竹笼机

疲。"文中的高楼、鹿卢均应是指提起竹编花本的装置，星图就是竹制花本。竹编花本机直到唐代仍在广泛应用。

3. 束综提花机

束综提花机是以线制花本为特征的提花机，在初唐时出现，但其实物图像直至南宋才出现。黑龙江省博物馆所藏的《蚕织图》中有一架绫机，中国历史博物馆藏的《耕织图》中的罗机，即属此类。这台束综提花机的机身平直，中间隆起花楼，花楼上高悬花本，一拉花小厮正用力地向一侧拉动花本，花本

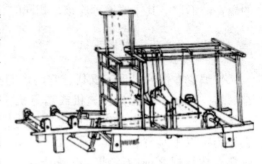

宋人《耕织图》中的束综提花机

下连衢线，衢线穿过衢盘托住，下用衢脚使其垂悬于坑。花楼之前有两片地综，地综通过鸦儿木用踏脚板踏起。织机用箸，箸连叠助木以打纬。这是世界上最早的、结构完整的提花机，在当时堪称世界第一。

这种机身平直的线制花本提花机可称为水平式小花楼提花机，主要适宜于织制绫罗纱绸等轻薄型织物，是江南地区常见的提花机型。

罗机

在普通的织机上使用特殊的起绞装置就成了罗机。罗机专织绞经织物，可分为两种，一种专织无固定绞组罗，一种专织有固定绞组罗。

织制四经绞经罗专用的罗机直到元代才有记载，《梓人遗制》中有罗机的专门描绘。总的看来，它的机架与普通织机并无太大区别，滕子、卷轴、高梁木、提综的鸦儿木等一应俱有，较有特色的就是砍刀、文杆、泛扇子三件。

砍刀是古老的打纬工具。在丝织技术发展到一定水平后，多用箸来打纬。但罗机使用砍刀打纬说明所织的罗无法使用箸，这正是四经绞罗织制技术的特征。文杆是挑纹之杆，即是挑花棒，这向我们暗示，中国古代的四经绞罗很可能就是使用挑花的方法来显花的。泛扇子即是绞综，《梓人遗制》中说："或素，不用泛扇子。"可见泛扇子是一种起绞装置，不过，它的起绞综线没有画出，起绞原理也就不甚明了。

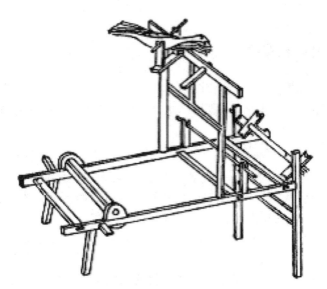

《梓人遗制》中的罗织机

　　唐宋之后，固定绞组罗发展很快。同时出现的是对偶式绞综，这在《梓人遗制》中被称为白踏椿子。整个绞综由两个综框构成，综框间有一活动连杆将其连接。两综框可以各自在连杆控制范围内上下运动，每一综框各有一片基综和一片半综组成，完全对称的两综框才组成一个完整的绞综，故被人们称为对偶式绞综。其形制与目前已较少用的马鞍形综相类似，区别在于对偶式绞综用上半综，马鞍形绞综用下半综。

　　如罗需要提花，除用挑花织制之外，也可以在罗机上装上提花装置。这种装置可以是多综式的，也可以花本式的。从实物来看，唐代之前的罗多用多综式提花装置，而唐以后则多用束综提花装置。

　　我们可以从东汉王逸的《机妇赋》中了解当时提花机的概貌。

　　明代的提花机，在《天工开物》中有详细记载："凡花机通身度长一丈六尺，隆起花楼，中托衢盘，下垂衢脚（水磨竹棍为之，计一千八百根）。对花楼下掘坑二尺许，以藏衢脚（地气湿者，架棚二尺代之）。提花小厮，坐立花楼架木上，机末以的杠（经轴）卷丝，中间叠助（打纬的摆杆）木两枝，直穿二木，约四尺长，其尖插于筘两头。叠助，织纱罗者视织绫绢者减轻十余斤方妙。"

织梭光景去如飞

梭，大约形成于战国至秦汉时期。

从无梭到有梭，是古人革新引纬工具、提高织机效率的重大创造。

1. 梭

在原始腰机织布时代，是直接用缠绕着纱线的小木棒"筟"来引纬的，这就是所谓的纡子。纡子在织口中磕磕绊绊通行，而打纬刀光滑宽扁，在织口中来去通畅，古人由此得到启示：在打纬刀上刻一长条槽子，将绕着纬纱的"筟"嵌进去，既可引纬，又能打纬，这就是刀杼。刀杼是梭的前身，可能形成于春秋时期。

在古籍中大都认为杼就是梭。江苏泗洪县曹庄出土的汉画像石"慈母投杼"上，一位母亲把一个两头尖中间空的梭子掷在地上，这说明汉以前已经有梭，但仍叫杼。

这种梭是由刀杼演化而来的。因为刀杼操作不便，后逐渐改成两头尖的梭子。汉以后的史籍中，"梭"和"杼"两个概念便不再混淆，如《晋书·谢鲲传》中有"投梭折齿"的故事，便不再把"投梭"说成"投杼"。从此"梭子"成为织具中的专用名词，它的功能就是引纬，而杼则兼引纬和打纬的

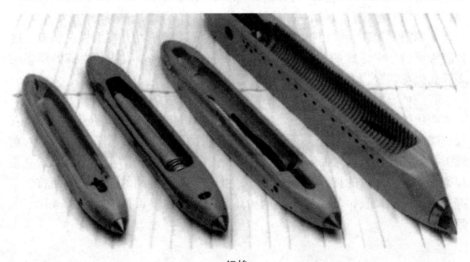

织梭

功用。

我们都知道唐代文成公主的故事，她把内地织机和织具带到拉萨，还亲至藏南传授纺织技术。据说拉萨藏民用传统织机织毛料藏被用的梭子，就是文成公主带去的。在藏语中，梭子叫"准布"，杼叫"生布"或"并心"，这也说明杼和梭早有区别。

 ### 2. 筘

用梭引纬以后，古人又发明了一种新的打纬工具，这就是筘。

筘，也叫定幅筘，顾名思义，它本来是用以固定布帛的宽度的。早在西周时期，政府对布帛的长度和宽度就有严格规定。据《汉书·食货志》载：织品规格历来是"布帛广二尺二寸为幅"，合今 50.3 厘米。这种规格已从近年出土的汉代丝织品中得到验证。

那么，织工靠什么办法来获得固定的布幅呢？就是做一把大梳子，固定在两根木条当中，把经纱依次穿入梳齿，这个工具就叫筘。这样，经纱排列就有了一定的宽度，布幅也就基本稳定了。

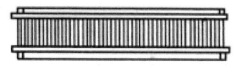

筘

发明定幅筘的灵感，可能是从木梳篦得到的启示。

筘，不但定幅，而且兼打纬。配合脚踏提综开口，织工一手投梭，一手拉筘，织作起来，既快又省力。

 ### 知识链接

纺织原料多样化

古代世界各国用于纺织的纤维均为天然纤维，一般是毛、麻、棉三种短纤维，如地中海地区以前用于纺织的纤维仅是羊毛和亚麻；印度半岛地

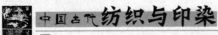
区以前则用棉花。古代中国除了使用这三种纤维外，还大量利用长纤维——蚕丝。

蚕丝在所有天然纤维中是最优良、最长、最纤细的纺织纤维，可以织制各种复杂的花纹提花织物。丝纤维的广泛利用，大大地促进了中国古代纺织工艺和纺织机械的进步，从而使丝织生产技术成为中国古代最具特色和代表性的纺织技术。

古代纺织纹样与刺绣工艺

　　作为艺术,图案纹样往往以拟人的手法,使物我相通,情景交融,无论写实,还是写意,无不寄情寓意,比附象征,幽默风趣,娱目醒心,给人以无尽的韵味。

　　刺绣技艺,施绣于织物,以针行线,加工出绣品,最讲究针法和绣法。几千年的刺绣劳作,广大绣女创造出许多传统针法和绣法,使绣品艺术质量不断提高。

第一节
寓意深刻的纺织纹样

　　所谓纺织纹样，即指纺织物通过织造、画绘、印染、刺绣等工艺手段所形成的富有审美理念和象征意义的艺术符号。古代纺织染绣，大多需要花纹图案做底样，或称"范本"。而染绣纹样的取得，《咏绣障》中记述的是通过即兴写生的方法，其实大多数情况是采用现成的各种艺术化了的图案纹样。随着织绣印染技艺的发展，纺织纹样经历着由简到繁、由单色到多彩、从抽象到具象的成长道路。到了宋明时期，中国的染绣与缂丝技艺，几乎可以各种艺术佳作为范本，达到几夺丹青之妙的艺术境地。

🪁 纺织纹样的历史演变

　　通过考古出土的历代衣着纺织物遗存证实，商周时期的织物纹样大多是由直线和折线组成的菱纹、回纹以及它们的变体形纹，呈现出我国早期织物纹样的简约古朴的几何纹风貌。秦汉时期，织物纹样题材和风格逐渐多样化，在几何纹的基础上出现了鸟兽纹、云气纹和植物花纹，具有质朴、厚重、力度和气势之美。隋唐时期的织物纹样，经南北朝对外域纹样的吸收与融合，形成以植物纹样为主体的纹样新体系，莲花纹、卷草纹、忍冬

历代的几何纹样

纹、宝相花以及写生团花等植物花纹大为流行，纹样呈现丰满、浓厚、艳丽的风格特色。宋元时期，纺织纹样轻淡自然而又端庄秀丽。明清时期，织物纹样则更趋写实、纤巧、精细，富于韵律感。

中国的纺织纹样在漫长的历史进程中，随着时代的发展与社会的变迁，呈现出千差万别、丰富多采的不同样态。但就总体而言，它植根于中国古代特定的政治经济环境中，形成于中国固有的地理气候条件下，受着这个东方古国地理条件和社会环境所产生的民族心理、哲学观念、生活习俗、审美情趣的制约。纺织纹样中的语言与艺术符号，尽展中华民族特有的意识情趣和审美特色。

在纺织品花色纹样加工中，染色始终是最古老的工艺之一。到了商周时代，开始有了图纹画绘。据《考工记》记载，周代就有了"设色之工"，专门画绘衣服和旗帜。当时的帝王服饰等织物纹样都由手绘加工。《考工记》中又说，"画绘之事杂五色……五采备谓之绣"，即在画绘的边沿用彩色丝线刺绣花纹轮廓，这就是初创时期绘绣结合的纹样特征。

商周时期，人们已掌握了挑花和提花技术，不仅能在平纹素织的基础上以经纬线捻度与密度的变化，织造出适合不同需要的纱、罗、缣、纨、绢、缟、纻等多种精美织品，又可织造出具有几何花纹的绮、锦等织物。可见，远在商周时代，我国先民就已经在纺织生产中，能够以染色、画绘、刺绣、提花等工艺手段进行纹样加工了。自汉唐以后，随着历史的发展，纺织纹样的加工手段朝着相互结合、并行发展的道路，愈益走向丰富多彩、绚丽辉煌的艺术高峰。

纺织纹样表达的通常手法

由于纺织物与人类社会生活的密切关系，特别是求吉避凶、祈福禳灾的心理追求，人们把具有福善嘉庆意义的物事染织绣绘成纹，或"吉祥图"，或"瑞应图"，使纺织纹样无不具有吉祥美慧的寓意特征，有"图必寓意，意必吉祥"之说。冠巾衣履带、织文染绣随处可见，令人目不暇接。

在中国古代，纺织纹样表达思想感情的通常手法主要有以下几种：

（1）象征法，即根据事物的生态习性、形态特征来表达某一特定的思想内容。如以石榴红熟、籽粒外露的形态，表示多子多孙；以鸳鸯戏水、雌雄成对的习性表示夫妻恩爱、感情专一等。

（2）寓意法，即以民俗中喜闻乐见的动物、植物、器具等表达某种美好的意愿。如以丹顶鹤寓意"一品官（冠）"与"高寿"；以松柏长青寓意寿命绵长，松鹤同纹则寓意"益寿延年"之意。

（3）比附法，即运用以物拟人的手法表达某种心理追求。如以苍鹰比附英雄傲世，以猛虎下山比附勇猛无敌，以梅兰竹菊比附君子之风等。

（4）表记法，即以民俗民意约定俗成的传统观念，以此物表记彼物，以抽象符号代表自然物象。如以嫦娥、玉兔代表月亮，火形纹代表火焰，水波纹代表潮水等。

（5）谐音法，即利用某种物象称谓的谐音，组绘吉祥美慧之意。如用瑞鹿之谐音代表"禄"，用蝙蝠的谐音代表"福"，用金鱼鲤鱼的谐音代表"富贵有余"或"年年有余"，等等。

（6）嵌字法，即在纹样图案中嵌入吉祥文字用以点明主题。如在连绵不断的团花中嵌入福、禄、寿、贵等吉祥喜庆文字，使纹样表达的思想内容更明显。

典型的纺织纹样

中国几千年的封建社会，历代所形成纷繁绚烂的典型纹样不胜枚举，归纳起来，主要有如下几种：

（1）章服纹样。章服始于商周，是绘绣有日月星辰等图案的礼服，也是古代统治者用以辨等威、分尊卑的重要工具。十二章即帝王礼服上绘绣的12种纹样，依次为日、月、星辰、山、龙、华虫、宗彝、藻、火、粉米、黼、黻。前六章用于衣，后六章用于裳，这是历代统治者礼服之制不断演变的根本。

（2）八搭韵纹样，即以"四通八达"的韵味构成的纺织纹样。它以垂直、水平、对角线呈"米"字形格式构成图案的基本骨架，并在骨架各交叉点上形成或圆或方或多边形的几何图纹。八搭韵创始于五代，至宋代广泛流行，以蜀锦所产八搭韵纹锦最为著名。

（3）百子图纹样，是以百童嬉戏构成的图案纹样。此类图样多用于民间男女婚庆衣被，具有祈求子嗣繁盛之意，明清时广为流行，至今仍传承不衰。北京定陵明孝靖皇后墓曾出土过一件洒线绣夹衣，即绣有100个不同娱乐游戏姿态的童子，穿插在各类花卉之间，个个生动活泼，欢快非常。

洒线绣蹙金龙百子戏女夹衣

（4）龙凤纹样。此类纹样起源于原始的图腾崇拜，古时专用于皇室贵戚的礼服。因为龙被视为统治权力的象征，凤凰则是吉祥神禽，龙与凤相向舞动，寓意"阴阳谐和""天下承平""祥瑞吉庆"。因为民间传说"龙凤能知天下治乱""龙凤出，天下平"，所以近代广泛流行于民间，尤以婚庆衣被等床上用品为多见。

（5）狮子绣球，即是以两个狮子戏滚绣球组成的图案纹样。狮子素为百兽之王，而太师、少师又是古代一种官职，狮与师谐音，绣球又具显赫眷恋之意，活泼可爱的狮子，翻动绣球，腾跳颠扑，不仅隐含华夏民族的不屈不挠的性格特征，而且具有祈望"官运亨通"之意，为历代官服纹样的常见主题。

（6）宝相花纹。这是一种依据莲花等自然花朵经变形处理的装饰性纹样，花瓣通常分数层展开，每层之间镶嵌不同形状的花叶，花叶间有闪烁发光的宝珠，给人以富丽高贵之感。随着佛教的传播，宝相花纹在南北朝时期已广泛流行，成为纯洁清净的象征。

（7）缠枝花纹。这是以盘曲缠绕的枝蔓及大花朵构成的传统织绣纹样，通常在织物上有规律地分布若干花朵，再以缠枝卷叶将花朵衬托连接，以增强装饰美化效果。常见的缠枝牡丹、缠枝莲花等纹样自唐宋以来一直沿用不衰。

（8）三阳开泰。即在太阳、流云之下，或在山、石、梅、竹等花草间，展现三只羊的图案，暗合泰卦之意。"羊"是阳的谐音，是祥的古体，太阳既有"泰"的谐音又是阳的本意，谐音借用，表示万物亨通、吉祥安泰。

（9）鸳鸯戏水纹样，即以池水、莲花及鸳鸯构图，寓意夫妻和谐、忠贞、美满、幸福。早在南朝时，就有"文彩双鸳鸯，裁为合欢被"的记载。唐、宋、元、明、清各代都有此种纹样的文献记载和实物传世，图纹色彩细腻生动，充满生命活力。

此外，喜鹊登梅、杏林春燕、福寿绵长等传统纹样名目繁多，象征富贵的牡丹花纹样，以君子之风相誉的兰花纹样，有高洁之气的梅花纹样，以及菊花纹、莲花纹、云气纹、水波纹、火焰纹、如意纹、万字纹、折枝花和对纹、雷纹、回纹、龟背纹、团花纹、绣球纹等百变组合，巧妙构成虚实相间、阴阳互补、连绵不断、回环往复、气韵生动、绚丽辉煌的纹样艺术精品。

织物纹样的方式

织物的经纬线在相互交织时的规律，即织物的组织。通常认为，古代织物有平纹、斜纹、缎纹三种原组织，其他组织多是由这三种组织变化衍生出来的。但事实上，较为常用的绞纱组织和起绒组织并不能由三原组织变化出来，所以说，古代织物应是由五种基本组织构成。通过织物组织提花显花，织物便可形成各种暗花、隐条织物。除了织造和印染、涂绘之外，这里主要介绍一下形成织物纹样的刺绣、缂丝和妆花。

（1）刺绣，俗称"绣花"，是在已经加工好的织物上，以针引线，按照设计要求进行穿刺，通过运针将绣线组织成各种图案和色彩的一种技艺。刺绣早在商周时代即已出现，是华夏先民最早用于美化纺织衣着的技法之一。刺绣技艺有针法、绣法和绣品之区分。针法即运针的基本方法，绣品则是结合了绣法、色彩、图案等各种因素在内之后所形成的艺术风格和刺绣种类。我国古代主要有锁绣、平绣、编绣、钉线绣、戳纱绣、十字绣、打籽绣、剪贴绣、串珠绣等多种刺绣技法，其中尤以发绣最为独特。所谓发绣，又称墨绣，即以人发代线，作书画绣，风格有如白描，以宗教题材的古佛、观音、佛经等为多。在中国刺绣历史上，以苏绣、湘绣、粤绣、蜀绣最为著名，具有精细雅洁、饱满富丽的传统特色，名扬国内外。

（2）缂丝，本属织物的一种平纹组织，但由于它通经断纬的织法，多用于织制艺术作品，由于其独特的纹样风格，素为艺术家所青睐。缂丝技术出现在唐代，宋代开始流行于实用衣物，并向欣赏性艺术品方向过渡。

（3）妆花，是采用局部挖花的技术进行纹样装饰的织物。唐代缂丝的出现和应用类

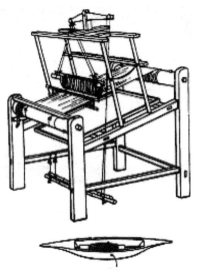

缂丝机

似的方法织成的袈裟是妆花织物的前期技术。确切发现的妆花织物是在辽宋时期，至明清发展到鼎盛阶段。明定陵出土了大量妆花织物，有妆花纱、妆花罗、妆花缎、妆花绒、妆花绢、妆花绸等多种。妆花的主要特点是换色自由，形成富丽爽朗的多彩织物，成为皇室龙袍袍料首选之物。清乾隆罗可可大卷草纹妆花缎，成为传世佳品，至今为故宫博物院珍藏。

知识链接

"三阳开泰" 的来历

"三阳" 意为春天开始。据《易经》：阳爻称九，位在第一称初九，第二称九二，第三称九三，合三者为三阳。又易卦，"十月为坤卦，纯阴之象；十一月为复卦，一阳生于下；十二月为临卦，二阳生于下；正月为泰卦，三阳生于下。" 农历十一月冬至日，昼最短，此后，昼渐长，阴气渐

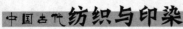
去而阳气始生，称冬至一阳生，十二月二阳生，正月三阳开泰。正月正是三阳生泰卦，此时既是立春，又逢新年。冬去春来，阴阳消长，万物复苏，故"三阳开泰"或"三阳交泰"便成为岁首人们用来互相祝福的吉利之语。

第二节
古代刺绣工艺

刺绣是对纺织物进行美化装饰的一种工艺。它是以针行线，按事先设计的纹样图案和色彩规律，在绣料上刺缀运针，使绣迹构成花纹、图像或文字的工艺。刺绣的特点是以绣线显花，花纹凸显在织物之上。而印染则是直接显花，织锦是以经纬线在织造中提花，且两者均为平面显花，在织物上不似刺绣那样呈显高凸的纹迹。

画金刺绣满罗衣

刺绣工艺由来已久。远在传说中的尧、舜、禹时代，就有"衣画而裳绣"的说法。商周时的章服制度规定，下裳要在葛麻织物上施以彩绣，而且有实物出土。1975 年陕西宝鸡茹家庄西周墓出土过一件丝织物，在朱红色底料上施黄色绣线，以辫绣针法，均匀规整，色彩鲜艳，可知当时刺绣技艺日臻成熟。

春秋战国后，刺绣工艺发展迅速，绣品更加精美，花纹更加繁多，光彩更加艳丽。在多处出土的绣品中，主题图纹多为凤鸟游龙，辅以走兽、花卉、蔓草，满绣或间绣并用，造型生动，配色协调，线条流畅，纹理清晰，有的堪称世间珍品。

汉唐以后，在服饰制度的演进中，对绣品的需求量大为增加。除了贵族礼服之外，民间妇女也以刺绣花纹装饰衣服。在针法上也不断突破，出现了直针、切针、缠针、戗针、套针等新技法。除用于实用衣服之外，开始向佛像、屏幛等供奉品和观赏品方向发展。宋代官方设有绣院，集中各地优秀刺绣艺人，专门从事刺绣生产。绣品以书法绘画为范本，创造出各种针法和绣法，以表现书画的纹理结构、色泽浓淡与虚实变化，达到仿真逼真的艺术效果。

民间刺绣则成为妇女的基本功。妇女的衣裙鞋袜无不绣作添花，情趣盎然。尤其是宋以来民族交融的社会情势，绣满鲜艳花卉纹样的舞衣尽显人间风采。及至明清，刺绣题材更加广泛，作品构思日益精巧，各地出现了商业性的绣庄，专门加工生产绣品。在民间"母女相传，邻亲相授"，除美化生活之外，甚至出现以刺绣作为谋生的手段，或货卖绣品，或来料加工，或受雇于人，特别是专业绣庄，大多雇用技艺较高的绣女批量加工绣品，远销各地。

古代刺绣图

刺绣的针法

针法是实现绣品艺术质量的手段。所谓针法，是指织物刺绣过程中的运针方法，一件绣品可用一种针法，也可用两种或多种针法。

（1）平绣，即以针平行或交叉地在织物上刺绣。针脚排列整齐，不重叠，不露空，绣面均匀细密，富有质感。根据针脚排列方式，又有直平针、横平针、斜平针、人字针之别，适用于小型花卉，也适用于大面积图案，是传统服饰绣较为普遍的一种针法。

（2）锁绣，是从纹样根端起针，把绣线挽成圈，落针于起针旁；第二针在圈中间起针，将前一个小圈拉紧，继续挽圈后落针，使绣线盘曲相套，形似链索，所以称锁绣。锁绣针法早在西周时即已出现，历代沿用，是中国最古老、最常用的刺绣针法之一，适宜于整件衣服或较大纹样的刺绣加工。锁绣的变格形式是辫绣。辫绣运针方法如同锁绣，在以针刺穿前一套环时，压过第二套环后拉起绣线，使线环排列紧密，形似发辫，多适宜于小面积图案的刺绣。

（3）洒绣，又称洒线绣，是以方孔纱为绣料，用彩色丝线合捻穿绣成小型几何花纹作地，再在几何形地上加绣铺绒主花。北京定陵出土的明孝靖皇后对襟夹袄上的金龙百子图纹，就是以洒线绣成。明朝万历末年，南京妓女常穿洒线绣衣，后来又流行大红绉纱夹衣；没过一年，民间也穿起洒线绣花衣服来，并且多为大红色，说明洒线绣对朝野衣着生活的影响。

（4）雕绣，即雕空锁边，先将纹样描绘在绣料上，沿纹样衍缝一条粗芯线，然后用针锁边或用缠针将芯线包绣起来，再用剪刀将多余部分挖去，使整个绣面凸凹分明，立体感强。有时还用轻薄纱料贴附在雕空部位，或用网绣在雕空部分加绣花纹，绣品更显层次分明，品位高雅，风格独具。

（5）网绣，通常以质地疏朗、网眼规矩的纱罗组织为地，用彩线来回缠绕编绣成几何图纹；抑或用其他紧密的质料为地，在织物表面用横、竖、斜线搭成三角形、方形、菱形、六角形、八角形等多边形孔格，然后按几何图案规律将纹样绣在孔格之上，使绣品纹样如网格轻罩在织物上。此种绣法多在佩饰等小件绣品中应用。

（6）挑线绣，以经纬线粗细均匀、间隔相等的布帛为地，严格按格缕数行线，在绣面上做十字形交叉拼列各种图案。要求行针整齐，行距工整，十字均匀，常用于民间妇女衣裙、巾帕等。

此外，还有滚针、撒针、钉针、套针、回针、珠针、松针、抢针、扎针、乱针、挽针、狗牙针、锁边针、竹节针、迭鳞针、刻鳞针等针法变化，以适应刺绣艺术效果的多种需要。

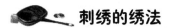
刺绣的绣法

　　绣品的艺术风格是由绣法决定的。所谓绣法是指绣品凸显花色图纹的方式方法。一般情况下，一件绣品采用一种绣法，但也偶有兼用几种绣法的。

　　（1）贴绣，又称"贴绢绣"或"补花"。绣前先用纱绢等织物按需要的花纹剪成花样，粘贴于织物上，然后用锁边针或其他针法沿边缝绣钉牢。如以色绫贴绣，又称"堆绫"。为增加绣面的厚重感或立体感，有时还可在绫下垫衬棉花，以凸显花纹之精美。

　　（2）纱绣，又称戳纱，以素纱为地，在背面描出画稿，并视纱孔大小，用彩色劈绒线在纱地上戳出花纹，按纱地格数行线，以长短不一的线条排列成纹。绣底不露纱地者为纳纱；绣底有未戳纱部分露出者为戳纱。纱绣常用于女子服饰和男子佩饰。

　　（3）迭绣，是在描好花纹的织物上衬垫棉花、碎布、散丝或用粗线加缝打底，然后再加以彩绣，使绣面高凸、立体，具有浮雕感，所以又称高绣、堆绣、垫绣。

　　（4）珠绣，是将颗粒均匀的珍珠、料珠或珊瑚珠等穿组成串，在绣面上盘曲成纹，以钉线缝缀固定。珠绣一般有两种形式：一是满钉法，即全部花纹以珠子体现；一是点缀法，即在绣好的花纹上适量钉上数珠。绣品给人以光彩夺目、富丽堂皇之感。

　　（5）借色绣，一是利用织物本身的颜色来代替部分绣色，即借用绣底颜色，称"借地绣"；二是绣品纹样部分通过刺绣、部分通过染画完成，绣绘并用，简洁省便，事半功倍。有的主体部分用刺绣，陪衬部分用彩绘；有的只绣纹样轮廓，中心部分染绘。

　　（6）双面绣，是以套针的方法在绣底两面穿绣，边绣边掩好起落的线头，正反两面形象相背，色彩、针法完全相同，可供两面欣赏。双面绣须将绣针垂直，由上刺下，在离针二三丝处起针，将线抽至线尾时，留下少许，下针将线尾压住，使线尾藏没在纹样中，不留痕迹。

　　此外，还有影绣、编绣、发绣、绒线绣、秘绒绣、剪绒绣、抽纱绣、影金绣等多种刺绣工艺技巧，使各种风格的绣品赏心悦目、妙趣横生。

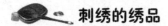 **刺绣的绣品**

所谓绣品，是指经过刺绣加工的纺织品。随着刺绣技艺的发展，绣品的艺术取向呈现多种风格：一是以严谨精细、富丽堂皇为特征的宫廷风格。这种绣品质地精良，纹样丰富，技艺全面，气派不凡，但往往过于呆板与拘谨。二是以情趣丰富、质朴浑厚、立意生动、色彩艳丽为特征的民间风格。这种绣品材质随意，加工技巧质朴，贴近生活意趣，具有大众性，但往往难免粗犷或简陋。三是以细腻丰满、情思凝聚、清丽高雅为特征的闺阁风格。这种绣品既注重生活实用与情感寄托，又展现主体的才情巧慧与品格心地，是绣女精彩人格的流泻，所以远非街头摊点的商业化绣品可比。

绣品中最为世人所珍视的，是以名人书画为粉本，以气度高雅、写照传神为特征的书画风格或称"文人风格"的绣品。这种绣品在临摹绘绣中，源于书画，高于书画，在运针行线中尽显书法之风神和图纹之画魂。

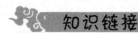 **知识链接**

顾绣神韵

明代顾绣名家韩希孟善画工绣，所绣多以画为本，摹绣古今名画，尤为神妙。此种绣品多以艺术欣赏品流行于世，如《仿宋元名绩册》和《花鸟册》等艺术瑰宝，至今犹存。

明代上海顾氏家族的绣品，继承了宋代画绣的优良传统，绣针代笔，彩线如墨，将丝理与画理融合，巧妙地运用各种不同针法，表现不同的物象，使之纹理细腻，色彩娴雅，风格清新，形象逼真。顾绣本自家用，后因馈赠亲友，并传徒授艺而名扬天下。叶梦珠《阅世编》卷七称："露香园顾氏绣，海内驰名，不特翎毛、花卉，巧若生成，而山水、人物，无不逼肖活现，向来价亦最贵，尺幅之素，精者值银几两，全幅高大者，不啻数全。"早期顾绣传世佳作，北京故宫博物院、上海博物院等处多有收藏。

第七章

古代纺织文化

　　自古以来，中华民族就是爱美的民族，先民总是不断地把从大自然中获得的"美"感，通过自己的双手编织在各式各样的衣着上。纺织，在人类漫长的进化之路上，时时都闪动着它的倩影，它不但满足着人们的物质需求，而且满足着人们的精神需求；它既是文明发展到一定阶段的产物，又是走向新文明的动力；它将自己的触角延伸到人类社会生活的方方面面，既通过服饰参与社会人文教化，又在生产活动中影响着民风和习俗，既推动着文字、文学、戏剧等的繁荣发展，又充当着靓丽人间的"美"的使者。一句话，纺织，其实是一种文化，无论古人、今人，都会时刻感受到它的影响和存在。

第一节
纺织文化概说

 纺织文化的内涵

中国自古以农桑为本，"稼穑而食，桑麻以衣"，这是先民们物质生活的基本内涵；"昼出耘田夜绩麻"，耕织结合，自给自足，这是先民们最基本的生活方式。农业桑麻生产，不但为其他文化的产生和发展提供了物质基础，而且桑麻实践本身也孕育了一系列观念和意识，成为中国文化中其他分支文化的母体。由此可见，纺织文化也是中国文化重要的组成部分。

纺织不但给人们提供遮羞蔽体的衣着，而且从它诞生那天起，就逐步渗透到人类物质生活和精神生活的方方面面，它施惠于人的并非一个简单的"衣"字所能概括的。

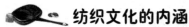 **1. 纺织与文字**

先民植桑绩麻，直接促进了"系"旁、"衣"旁、"巾"旁等古文字的诞生，汉语中大量文字和词汇都是古代纺织实践的投影。如果没有纺织，我们祖国的文字语言，将是残缺不全的。

古代鼎铭中有用"匹马束丝"换五个奴隶的记载；白居易的"半匹红纱一丈绫，系向牛头充炭直"，更是家喻户晓，这说明纺织品曾充当过货币的角色，给人们之间的交往提供了极大方便。

陆游诗云："忆昔东都有事宜，夜传帛诏起西师。""帛诏"是写在丝织品上的诏书。这句诗透露给我们这样的信息：丝织品曾是写字绘画的载体，而且由于它的特性，使我国书画逐步形成潇洒飘逸的风格。

2. 纺织与色彩

殷商、西周、春秋时期，即有石染和草染，有套染和媒染，但是，不论用什么染料，采用哪种染法，都必须上衣染成正色，下裳染成间色。所谓"衣正裳间不移色"，反映的就是当时人们的主体意识，即那个时期人们的等级观念。

古代染色图

自古以来，纺织不但满足着人们的衣着之需，同时也不断地编织着人们的理想和追求。它是美的使者，它把人的价值观念和审美意识，镶嵌在五光十色的服饰花纹和色彩之中。这些花纹和色彩，既是一种技术，至今令人叹为观止，而更重要的它是一定时期人们观念的物化形态。破译蕴含在这些花纹和色彩之中的文化密码，是我们了解先民知识、思想与信仰世界的一把钥匙。

3. 纺织与习俗

中国纺织生产具有浓郁的民俗色彩，包括纺织岁时习俗、社会习俗和礼仪习俗。这些习俗形成浓厚的文化氛围，劳动人民时时处处都被这些文化氛围所浸染和熏陶，自觉或不自觉地接受着这些风尚习俗所蕴涵的价值观念。民间的风尚习俗也影响到皇宫，于是有所谓"皇帝躬耕，帝后亲蚕"之举，以示奖励农桑。

4. 纺织与文学

文学源于生活。先民们的纺织实践，是历代文学作品取之不尽，用之不竭的源泉。例如，从有了纺织劳动那天起，便诞生了纺织诗歌。一部《诗经》

305 首，其中直接或间接反映纺织生产的就有 30 多首。可以说，如果没有古老的纺织，可能就没有《诗经》这颗世界诗歌宝库中的灿烂明珠，后人也便无缘从"桑间濮上"的情歌中得到美的享受。

总而言之，只有正确认识纺织文化的内涵，才能使我们以更开阔的视野认识纺织。

纺织器物与文化

器物是指与人的衣食住行相关的有质、有形、有彩、有特定用途的劳动产品。人类文明史告诉我们，人的属性虽然很多，但其类的本质表现在其与外部世界的相融相化上。人通过对对象世界的改造，不断增强心智能力、行为能力，并映现在预期目标的实现上。于是，人的劳动产品，成为人的本质力量的显影，成为人的情志、思维、行为的物化形态。换个说法，之所以说器物是文化的载体，是因为人在选择材料、完善性能、美化色彩的制作过程中，也将自己的审美情趣、理想追求、价值观念嵌入其中，它实际上是人的主体意识的外现。破译附着在器物中的文化密码，是我们走进古人知识、思想与信仰世界的一条重要途径。

越来越多的古文化遗址的相继发掘，给我们提供着越来越多的琳琅满目的纺织器物，包括蚕茧、纺轮、丝线、绢片和各式各样的服饰。这些器物既标志着一定时期纺织技术的发展水平，也是纺织文化的载体。其中服装的款式和色彩，实际上是中国人民族心态的对象化；而在织物上的花纹图案，实际上是一种象征性符号，它往往积淀着古人的观念和意识。古人相信象征和象征所模拟的事物之间有一种神秘的关系，所以他们在织物上画各种神祇图像，以求避邪，祈求平安。人们在服饰上编织的各种纹样，并不仅仅是纯艺术品，它往往是一定时期人的观念世界的投影。例如秦汉时期的葡萄纹，表达的是人们祈求子孙繁衍、连绵不断的理想追求。再如龙凤呈祥、麒麟送子、仙鹤苍松、喜鹊闹春等图样，也富有相应的文化内涵。织物色彩也是表述文化的无声语言，或者说人们往往用色彩表达意愿和情趣。

纺织与习俗

"相沿成风，相习成俗"。习俗是沟通民众物质生活，反映民间社区和集体的人群心态的世代传承的文化观念。纺织习俗融于色彩斑斓的村野习俗之中，它所展示的是村夫织妇在长期生产生活实践中积淀形成的礼仪规范与思想观念。

纺织生产具有浓郁的民俗色彩，它包括以名目繁多的祭祀活动为主要内容的信仰习俗，以各种禁忌为鲜明特征的生产习俗，以每逢时令节日围绕纺织生产所开展的诸如进蚕香、祛白虎、鞭春牛等活动为主要内容的岁

祀先蚕图

时习俗，以及婚丧嫁娶、上梁、做寿中与纺织相关的礼仪习俗。《豳风广义》中有一张祀先蚕的图。先蚕即蚕神，而且中国蚕神颇多，跪拜蚕神，展示的是蚕农的一种敬畏心态。村夫织妇一生之中都生活在这些习俗所烘托的浓厚的文化氛围之中，"童孙未解供耕织，也傍桑阴学种瓜"便是这些习俗所熏染的结果。自古蚕桑生产就充满某种神秘色彩，这种神秘色彩主要表现在蚕室的诸多禁忌上。蚕室禁忌是一种行业禁忌，是人们为了避免某种臆想的超自然力量或危险事物所带来的灾祸，从而对某些人、物、言、行的限制或自我回避。蚕室禁忌颇多，如说话不能说"僵""亮""白""烂"，以及一系列的"不宜"和"不许"。据《湖州府志·蚕桑上》记载："蚕时多禁忌，虽比户不相往来。宋范成大诗云：'采桑时节暂相违。'盖其俗由来已久矣。官府至为罢征收、禁勾摄，谓之关蚕房门……猝遇客至，即惧为蚕祟，晚必以酒食祷于蚕房之内，谓之掇冷饭，又谓之送客人。"这段记载把养蚕人的敬畏之情说得十分透彻。他们怕生人闯入蚕室带来邪祟，客人走后必于晚间一手拿蒸箪，一手持火把，行至路口，点燃草把，将饭菜倒在草把上，算是送走了"客人"。

蚕桑习俗，是了解中国劳动人民心理心态的一面镜子。各种蚕桑习俗所洋溢着的民俗色彩，是中华民族文化的一个特色，富含着丰厚的文化底蕴。

纺织与文学

我们这里所说的文学，包括神话、传说、歌谣、谚语，也包括诗歌和小说，它们都是纺织文化的载体。

我国古代的神话、传说，丰美之至，其思想内容之深广，艺术之精湛，形式之多样，都为全球之巨擘。对神话、传说，几乎人人都听说过，但是却很少有人探索其中所包含的文化意义。最早的神话所展示的是原始的幻想，但它却是现实的折射，或者说是现实的影子。上古时代的神话是通过想象与联想，生发了"人化物"的心理、观念与对"人化物"的崇拜，还不能从本质上把人与物区别开来，而认为万物跟人一样；同时他们目睹其他万物有胜过自己之处，于是便祈求"人化物"来保护自己。我国关于纺织的神话很多，例如少女自愿与神犬结婚，生下的子女学会织绩衣服。这个神话反映的就是人的原始思维，那时往往人畜不分。还有女孩被马卷走变成头部像马的蚕以及"伏羲（氏）化蚕桑为丝帛""嫘祖养蚕"等，展示的都是人类幼年时代的想象力。使我们更感兴趣的是纺织神话故事的变迁，从中可以感受到中国人深层心态的嬗变。还以女孩变成头部像马的蚕为例，这个神话最初的版本是少女与马皮化而成蚕。先民之所以能编撰出这样的故事，原因在于他们从狩猎社会进入农业社会、从穿兽皮改为穿丝麻这样的现实，再加之对蚕的崇拜，才可能产生这样的神话。

古代的纺织歌谣、谚语，更是历史的活化石，积淀着浓郁的民族文化。

纺织诗歌源于纺织生产，最初的纺织诗实际上是纺织劳动号子。《诗经》中有这样的诗句："东门之池，可以沤麻。彼美淑姬，可与晤歌。"译成现代诗就是：东门那边清水池，碧波荡漾泡黄麻。美丽温柔的好姑娘，与她相聚同歌唱。它就是一群男女在水边沤麻劳动中相互唱和的诗歌。纺织诗歌也记述了一些重大的纺织技术。例如《诗经》中的《采绿》记述的是古人采摘蓝草染衣，《东门之池》记述的是沤麻，《葛覃》记述的是种葛和织葛。我们既可以从纺织诗歌中窥视到古代华夏各地桑麻盛况，更能够重温古人的喜怒哀乐，体验他们的各种情感。比如从机房织铺飞扬出来的情歌，实际上是劳动人民爱情观的形象化表述。举例说，《诗·魏风·汾沮洳》中一位在汾河河边田野里采桑的姑娘，一边劳动，一边思念自己的爱人。她唱道：有个小伙叫人想，俊美可爱不可言，我最爱他和那高官不沾边。用原诗的话说，就是爱他"殊异乎公路""殊异乎公行""殊异乎公族"。"公路"是掌管王公贵族车驾的官吏，"公行"是管军队的官吏，"公族"是管家族事务的官吏。这位姑娘一唱三叹，说她爱的那个人，既不是公路，也不是公行，更不是公族，她爱的是人，而不是权势和地位。

我国是诗的古国，纺织诗歌是诗歌宝库中一颗璀璨的明珠。这些脍炙人口的诗歌，记村野桑麻，说城廓织铺，抒织女爱憎，绘织物之美，对织物的色彩、图案，都有极其形象的描述，从中可以领略劳动人民的审美情趣。

知识链接

马头娘的传说

马头娘是中国神话中的蚕神，相传是马首人身的少女，故名。相传在远古时代，有个姑娘的父亲外出不归。姑娘思父心切，立誓说如果谁能把父亲找回来，就以身相许。家中的白马听后，飞奔出门，没过几天就把父亲接了回来。但是人和马怎能结亲？这位父亲为了女儿，就将白马杀死，还把马皮剥下来晾在院子里。不料有一天，马皮突然飞起将姑娘卷走。又过几日，人们发现，姑娘和马皮悬在一棵大树间，他们化为了蚕。人们把蚕拿回去饲养，从此开始了养蚕历史。那棵树被人们取"丧"音叫作桑树，而身披马皮的姑娘则被供奉为蚕神，因为蚕头像马，所以又叫作"马头娘"。

第二节
科技著述传睿智

在我国古代，有素称发达的农业。以天然纤维为原料的古代纺织，就是在农耕文明的沃土上发生发展起来的。我们的祖先，在男耕女织的农桑劳作实践中，积累了丰富的农业生产经验，娴熟的耕织劳作技能，创造了高超的耕织机具，成就了大量很有价值的农桑著述。

宋元以前有关纺织生产技术的文献很零散，散见于各类典籍书刊中；即使在综合性农书中，所占篇幅也非常有限。据统计，《齐民要术》共十卷九十二篇，讲述各类农作物的种植和生产技术，其中与纺织有关的内容仅有六篇，约占全书的6%左右。这种状况一直持续到宋元时期才得到改变，这一时期，有关纺织生产技术的文献大量问世，不仅有纺织生产技术的专著，综合性农书中有关纺织生产技术的内容也大为增多。不仅如此，农书中纺织技术比重的增加也反映在农书的书名上，农与桑并列直接写成书名渐成潮流，在现知的当时诸多农书中以"农桑"命名的就有近10部。至明清时期，随着农业和手工业的迅速发展，人们对与此相关的知识越来越重视，不少官员、文人和科学家通过收集和整理文献资料，不辞辛苦亲赴生产地调查，撰写出大量农业和手工业的技术著作。据不完全统计，目前所知从明代初年到清代末年撰刊的农书约有830余种，其中不包括棉、麻、毛纺织，仅与蚕桑丝绸有关的科技著作便有186部，而散见于药用本草、地方史志、官员奏章书策、文人笔记书札中与纺织技术有关的内容，更是汗牛充栋，不可计数。这些优秀农学著作的问世和广泛流传，极大地促进了古代纺织技术的发展，其中一些关于纺织生产的论述，对现在的纺织生产仍有极大的借鉴和指导作用。下面择其较为重要的几部作简要的介绍。

贾思勰与 《齐民要术》

《齐民要术》是中国现存最早、最完整、最全面的综合性农学著作，书中记述了一些当时非常重要的纺织印染技术。

《齐民要术》的作者贾思勰，益都（今属山东）人，其生平不见记载，只知他做过北魏高阳（今山东临淄）太守，并曾到山东、河北、河南、山西、陕西等地考察农业和收集民谚歌谣，辞官回乡后开始经营农牧业，并亲自参加农业生产劳动和放牧活动。《齐民要术》便是他总结书本知识和实际经验写成的。

《齐民要术》成书于公元533—544年之间，全书共10卷，92篇，卷首还有"自序"和"杂说"各一篇，计11万多字。该书集先秦至北魏农业生产知识之大成，引用有关书籍156种，采集农谚歌谣30余条，内容丰富，正如作者在"序"中所言："起自耕农，终于醯醢，资生之业，靡不毕书。"

该书正文中有关纺织技术的有6篇，约占正文全部篇幅的1/15。虽然数量不多，但收录的内容无论是深度还是广度都是以前的农书所无法比拟的，既保留了许多重要历史文献，又真实地反映了当时纺织技术的发展水平。其中卷二"种麻第八"和"种麻子第九"，最早将纤维麻和子实麻种植技术分开归纳和总结，并记述了沤麻用水对麻纤维的影响，同时指出可根据种子的外形颜色判断雌雄。卷五"种桑柘第四十五"（养蚕附），记载桑柘的种植技术和桑的品种。所记种植技术包含育苗、桑苗栽植、桑园施肥、桑园间作、桑叶采收等各个方面。桑树品种则记有荆桑、地桑、黑鲁桑和黄鲁桑。在所附养蚕部分，记载了关于蚕种的选择方法，首次从化性和眠期上将蚕进行分类。卷五"种红花、蓝花、栀子第五十二"、"种蓝第五十三"和"种紫草第五十四"，详细介绍了这几种植物染料的栽培和生产方法，其中所记红花饼的制作技术是目前已知的最早记载。文中还从投资和收益的实际比较，揭示专业种植的巨大好处。卷六"养羊第五十七"，详细地记载了选羔、放牧、圈养、饲料、剪毛、制毡等方面的生产技术，并介绍了令毡不生虫的方法及几个治羊病的偏方。卷十"五谷果蔬菜茹非中国物产者"中有"木緜鯀"条，引述了前人关于木棉的记载。

《齐民要术》一书在我国和世界农业发展史上都占有极为重要的地位。书中不仅总结了各种生产技术，而且包含着因地制宜、多种经营、商品生产等许多宝贵的思想，反映了当时我国北方农业生产技术的整体水平。书中所记载的纺织印染技术，是研究我国古代纺织印染技术非常珍贵的资料。

《齐民要术》一书具有很高的科学价值，不仅对我国后来的农业生产起着积极的指导作用，而且被译成多种外文，在国际上产生广泛的影响。19世纪英国的大生物学家达尔文，曾称《齐民要术》为"古代中国的百科全书"。

秦观与 《蚕书》

《蚕书》是一本反映北宋时期山东兖州地区蚕业技术的著作。该书作者秦观（1049—1100 年），字少游、太虚，号淮海居士，江苏高邮人，宋代著名文人。秦观在文学上以词闻名，是"苏门四学士"之一，其词婉约柔媚，淡雅清丽，对后世词家影响很大。

《蚕书》约成书于元丰七年（1084 年），全书只有一千余字，内容分为种变、时食、制居、化治、钱眼、锁星、添梯、车、祷神、戎治等 10 个小节，将从养蚕到治丝的各个阶段都作了简明切实的记载。具体来说，"种变"讲浴卵和孵化，提到利用低温来选择优良蚕卵，淘汰劣种；"制居"讲蚕室及养蚕器具，提到采茧时应注意温度；"化治"讲煮茧时汤的温度不能高于 100℃，应在水面出现像蟹眼那样的微小气泡时进行，而且要眼明手快，不待茧煮老即将丝绪找到，并穿过钱眼引到缫车上；"钱眼"、"锁星"、"添梯"和"车"几节，是讲缫车上各部位的结构，尤其对缫车的尺寸以及传动方法的描述非常详细，以至被后来的农书多次引用；"祷神"讲祭祀几位传说中的先蚕；"戎治"讲蚕桑西传于阗（今于田）的故事。

《蚕书》虽然文字简短，所述机具也未配插图，但它是保留到现在最早的一部蚕业专书。清代《四库全书》、《古今图书集成》和《知不足斋丛书》都将其全文收入，可见它在中国农学史和纺织技术史上的重要价值。

楼璹与 《耕织图》

《耕织图》是南宋期间刊印出版的一套描绘江南地区耕织劳作的图谱，也是我国古代有关耕织方面最早以诗配图供普及用的一本图册。《耕织图》绘制者楼璹，字寿玉，浙江鄞县人。楼璹是靠父亲楼异的门荫步入仕途的，初佐婺州。于绍兴三年（1133 年）授官於潜令，绍兴五年改任邵州通判，兼管审计司，后又在南方几地任官，而且"所至多着声绩"。官职最高至朝议大夫，最后从扬州谢任归里。楼璹偏好书法和绘画，除《耕织图》外还绘有《六逸图》《四贤图》等。

《耕织图》作于南宋高宗年间，其时楼璹任临安於潜令。他绘制《耕织图》的初衷，一是与社会大环境有关，因为在南宋初期，朝廷特别重视发展农桑；二者因为他本人关注民事，非常体谅农民的辛苦，于是响应朝廷"务农之诏"，有感"农夫、蚕妇之作苦，究访始末"而作。图谱绘成后不久，宋高宗召见了他。楼璹趁此机会呈献上《耕织图》，得到皇帝嘉奖，并由此得到提拔重用。

但《耕织图》进呈皇帝后并未立即刊印，仅是"宣示后宫，书姓名屏间"，及至嘉定三年（1210 年）才由楼璹之孙刻石传世。现楼璹原本《耕织图》已佚，其内容在其侄楼钥的《玫瑰集》中有所记载："耕织二图，耕自浸种以至入仓，凡二十一事；织自浴蚕以至剪帛凡二十四事，事为之图。系以五言诗一章，章八句。农桑之务，曲尽情状。虽四方习俗，间有不同，其大略不外于此。"《耕织图》虽然佚失，但万幸的是楼璹在每幅图上所题之诗全部完整地保存了下来，也由此可知耕图共 21 幅，分别是：浸种、耕、耙耨、耖、礰碡、布秧、淤荫、拔秧、插秧、一耘、二耘、三耘、灌溉、收刈、登场、持穗、簸扬、砻、舂碓、筛、入仓；织图有 24 幅，分别是：浴蚕、下蚕、喂蚕、一眠、二眠、三眠、分箔、采桑、大起、捉绩、上簇、炙箔、下簇、择茧、窖茧、缫丝、蚕娥、祀谢、络丝、经、纬、织、攀花、剪帛。

楼璹创作的《耕织图》主要是给寻常百姓看的，所以特别便于不识字的农民据其直观形象进行模仿。

楼璹《耕织图》一经出现便产生了巨大影响，宋代以后，绘制《耕织图》几乎成了一种风气，出现了许多以"耕织图"命名，并且内容形式都与楼璹《耕织图》相同或相近的作品。清代康熙年间焦秉贞的绘本《耕织图》，每幅图的文字内容除保留楼璹的五言诗外，还题有康熙御制七言诗，康熙写的序文也收录在图前。序文说："爰绘《耕织图》各二十三幅，朕于每幅制诗一章，以吟咏其勤劳，而书之于图，自始事迄终事，农人胼手胝足之劳，桑女茧采机杼之瘁，咸备之情状，后命镂版流传，用示子孙臣庶，俾知粒食维坚，授衣匪易。"因焦秉贞绘本系受康熙之命而作，康熙又为之作序、题诗，故该本又被称为《御制耕织图》。

《耕织图》系统而又具体地描绘了当时江南水田地区农耕和蚕桑生产的各个环节，成为后人研究宋代农桑生产技术的宝贵文献。

元代官纂 《农桑辑要》

《农桑辑要》是元代由司农司主持编纂的一部综合性农书，成书于至元十年（1273 年）。当时元已灭金，尚未灭宋，故书中内容是以北方农业为对象，农耕与蚕桑并重。司农司设立于至元二年（1265），是元代专管农桑、水利的中央机构，元代许多重农的劝农的政策都是出自这个机构。《农桑辑要》的编纂便是司农司为顺利地推行元政府的农桑政策而做的一项重要工作。据翰林院大学士王磐在为《农桑辑要》写的"序"中所言："农司诸公，又虑夫田里之人，虽能勤身从事，而播殖之宜，蚕缲之节，或未得其术，则力劳而功寡，获约而不丰矣。于是，遍求古今所有农家之书，披阅参考，删其繁重，撮其切要，纂成一书，目曰《农桑辑要》。"

《农桑辑要》全书共 7 卷，6 万多字。该书内容虽绝大部分引自前人之书，但取其精华，摒弃了那些繁缛的名称训诂和迷信无稽的说法，详略得当。书中有关纺织生产技术方面的内容，除了记述前人的成果外，还新增了一些内容，如"接废树""缲丝""麻""苎麻""木棉""论苎麻木棉"等篇中的一些内容。其中"论九谷风土及种莳时月"篇，从理论上阐述向北方推广木棉和苎麻的可能性，从而发展了风土论的思想，把人的因素引进了旧有的风土观念之中，强调发挥人的主观能动性和人的聪明才智，成为农学思想史上的一个里程碑。

《农桑辑要》修成之后，政府于至元二十三年（1286）将其颁发给各级劝农官员，作为指导农业生产之用。它的颁行不仅对恢复和发展当时农业生产起到了积极作用，对北方地区推广木棉和苎麻的种植更是起到了相当大的推动作用。

王祯及其 《农书》

《王祯农书》是元代王祯著述的一部大型农书。王祯，字伯善，元朝初年山东东平人。历史上有关王祯生平事迹的记载很少，现只大略知道他在元成宗元贞元年（1295 年）出任宣州旌德（今属安徽）县尹，后又调任信州永丰（今江西广丰）县尹。他在两任县尹期间，为官清廉，关心百姓疾苦，特别重视发展农桑生产。王祯的诗赋造诣也相当高，时人对他的评价是"东鲁名儒，年高学博，南北游宦，涉历有年"。

该书综合了北方旱田和南方水田两方面的实际经验，共 22 卷，约计 11 万字。全书分三个部分：第一部分"农桑通诀"，阐述了农桑起源，泛论了农林牧副渔各项技术经验；第二部分"百谷谱"，专论谷物种植和作物栽培；第三部分"农器图谱"是全书的重点，占大部篇幅，收集并绘制了 306 幅实物图形，是后世借鉴的重要依据。

在"农器图谱"的蚕缲门、织紝门、纩絮门（附木棉）、麻苎门等篇中，作者绘图并叙述了当时我国南北各地缲丝、织绸、绢纺、棉纺、织布、捻麻等工具、机械，并作了评价；在"利用门"中绘图叙述了 8 锭摇纱机（纴，床）和 32 锭各种动力的麻、丝捻线机（大纺车）。另外，还介绍了加工不脱胶苎麻时，用加乳剂来调节湿度和用灰水日晒法脱胶，这标志着宋代以来劳动人民对麻纤维性质了解的深入程度。

《王祯农书》中，作者还把星辰、季节、物候、农业生产程序综合连成一体，绘于一图之中，称为"授时指掌活法之图"，方便、明确、实用。

《王祯农书》是一部集南北农业技术之大成的农学著作。元成宗在《刻行〈王祯农书〉诏书抄白》中盛赞道："（该书）备古今圣经贤传之所载，合南北地利人事之所宜，下可以为田里之法程，上可以赞官府之劝课。虽坊肆所刊旧有《齐民要术》、《务本辑要》等书，皆不若此书之集大成也。"

薛景石与 《梓人遗制》

《梓人遗制》是一本论述木工机械设计和制造工艺的专著。该书作者薛景石，字叔矩，河中万泉（今山西万荣）人，生卒年不详，约生活于 13 世纪中期。

薛景石在机械设计和制造生涯中，非常重视"典章"和器械的"形制"。他曾用心钻研过历代官私手工业传习图谱中许多机械的结构和造型，并结合自己的想法，自行设计出具有特殊用途的木质器具和专供手工生产需要的复杂木质机械。经他手制造出的机具非常精致，多有创新。对此段成己在《梓人遗制》的"序"中作过恰当概括："有是石者，夙习是业，而有智思，其所制不失古法，而间出新意。

《梓人遗志》成书于元中统二年（1261 年），元代是否刊印过现不得而知。迄今能够见到的是载于《永乐大典》卷 18245 "匠"字部的摘抄本，内容有很大删节，已不完整。据段成己为此书所作的"序"记载，原书内容丰富，共收有专用机械和器具 110 种。而现存抄本仅有其中"车制"和"织具"两部分的 14 种机械，其余的俱已亡佚。

《梓人遗制》主要叙述华机子（即提花机）、立机子（即立织机）、布卧机子（即织造一般丝、麻原料的木织机）以及罗机子（专织纱罗纹织物的木机）等四大类木织机的形制和具体尺寸。对这四种木机，"每一器（即每一机）必离析其体而缕数之"，就像今天工厂里设计机器一样，既绘有零件图又有总体装配图。每个零件不仅都详细说明了尺寸大小和安装部位，而且还简明地讲述了各种机件的制作方法，正如该书序中所指出的："分则各有名，合则共成一器"。现代曾有人按照书中所述进行制作，也能装配成机。

薛景石对各种织机的结构，以及各个零部件的功能了如指掌，他在书中不只是罗列一些呆板的数字，还配上生动活泼的文字说明。

《梓人遗制》一书来源于实践，来源于群众，它图文对照，条理清晰，是我国古代纺织技术史上唯一的木工自己写成的著作。它的问世，为当时山西地区制造新织机、发展纺织事业起到了一定的推动作用。

徐光启与 《农政全书》

《农政全书》作者徐光启 （1562—1633 年），字子先，号玄扈，上海人。他自幼勤奋好学，博览群书，曾深入钻研古代天文志和农书，并亲身参加农业生产实践，具有广博的知识，特别是农学知识。43 岁时考中进士，后在翰林院任职，跟随来华传教士利玛窦学习西方自然科学知识，成为明代少有的学贯古今、兼通中外的科学家。徐光启一生著作宏富，《农政全书》是其最杰出的一部代表作。

《农政全书》共 60 卷，分为农本、田制、农事、水利、农器、树艺、蚕桑、蚕桑广类、种植、牧养、制造和荒政等 12 目，涉及农业生产的各个方面。全书 70 多万字，征引古代文献 225 种，全面总结了我国历代的农业生产经验和技术，尤其反映了明代蚕桑养植和棉田种植业的最新发展，总结了纺织生产积累起来的许多新经验。

虽然《农政全书》中有关纺织技术方面的内容占全书的篇幅很少，且大多为辑录前人文献，但徐光启总结和分析历代农学文献并结合自身实践心得所写的部分内容，却甚为精辟，极大丰富了古农书中的纺织技术内容。如对棉纺织技术的总结，之前的一些农书，虽对棉纺织技术有所记载，却均很简略，字数少者仅有数百字，多者也不过两三千字，而《农政全书》则多达万字，全面系统地介绍了长江三角洲地区棉纺织技术，内容涉及棉花的种植制度、土壤耕作、丰产措施及纺纱织造。其中对有关棉花是草本还是木本植物及棉花与攀枝花的区别、对各地不同的棉种、对棉花的丰产论述、对湿度影响纺纱质量等的论述，都极为精辟。

《农政全书》涉及的范围很广，对农业及与农业有关的政策、制度、措施、工具、作物特性、技术知识等，都有涉及，是我国古代一部集大成的农业科学巨著，对当时及后来的农业生产具有重要的指导作用。

宋应星与 《天工开物》

《天工开物》是一部记述明末以前我国农业和手工业生产技术的"百科全书"式的巨著，作者宋应星。宋应星（1587—约1666年），字长庚，江西奉新人，明末清初著名的科学家。全书共3卷18篇，对农业、手工业的生产技术作了全面的总结和介绍，如制作砖瓦、冶炼铜铁、烧制瓷器、制造车船、制造兵器、制作火药、制盐、造纸、纺织等，是反映明代社会生产情况、传播相关生产技术知识的宝贵史料。

《天工开物》中的"乃服"和"彰施"两篇，全面论述了当时纺织和染

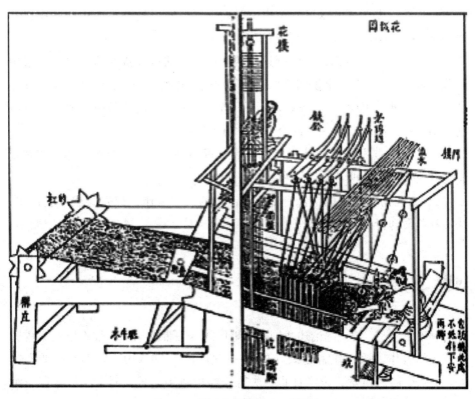

《天工开物》中的插图——提花机

整技术，有许多内容是以前及同时代著作中所未见的，且更加接近于实际生产。

（1）蚕的杂交育种及防治某些疾病的技术。中国是世界上最早的植桑养蚕之国，《天工开物》总结了前人的成就，特别在蚕的杂交育种及某些疾病的防治方面做了记述。这是中国，也是世界关于家蚕杂交和家蚕传染病的最早记载，对优化蚕种、防止蚕病蔓延、发展蚕业生产具有很大的指导意义。

（2）缫丝和丝的精练技术。书中记载了杭嘉湖蚕丝生产中的"出口干、出水干"的丝美六字诀，并记述了用猪胰脱胶的方法。

（3）棉织技术方面，记述了轧车、弹棉弹弓及棉布的后整理技术。

（4）毛纺织技术方面，对山羊绒的织作方法阐述得相当详细。中国用山羊绒织作的历史至少可以追溯至唐宋时期，但在明以前并没有山羊绒织作技术的记载，该书的这些记载填补了历史空白。

（5）丝织技术方面，详细阐述了结花本的方法以及提花机的结构。书中所载"花机"，不仅文字说明极详尽，附图也非常细致，而且还注明了各部件的名称。另外，书中对罗、秋罗、纱、绉纱、缎、罗地、绢地、绫地等组织的介绍，更是同时代的《农政全书》中所没有的。

（6）染色技术方面，对20余种颜色从配料到染法写得相当具体，并对蓝靛、红花、胭脂、槐花的制取和保存作了专门的介绍。

《天工开物》是中国古代一部影响巨大的科学著作，曾先后被译成日文、法文和英文刊行。

杨屾与 《豳风广义》

《豳风广义》是一部论述我国西北地区陕西一带蚕桑丝绸技术以及家禽饲养方法的著作。该书作者杨屾（1699—1794 年），字双山，陕西兴平桑家镇人。他一生居家讲学，未尝仕宦，矢志于经世致用之术，对天文、音律、医农、政治之书，均有研究。

《豳风广义》约成书于乾隆五年（1740年），是杨屾根据其对蚕桑技术、农副生产的长年研究试验而写成的。

《豳风广义》几乎对中国古代栽桑养蚕、缫丝、络丝、整经、织造方法等方面的许多宝贵经验和创造发明，都作了比较全面的总结和介绍。例如，关于桑树的栽培，作者把当时陕西地区的经验概括为"腊月埋条存栽"和"九、十月盘栽"两句话，订正了元代《士农必用》一书中"桑条截成尺长，火烤两头，春分时埋于地下"的错误叙述；关于蚕种的选择，作者特地强调选种的作用；关于育蚕的时间，作者强调必须根据南北寒暖干湿等自然条件选取，"以谷雨前之三四天为宜"，同时指出不管何地在这个问题上均应考虑桑叶的长势，即桑叶长到茶匙大时，才能开始养蚕；关于羊毛剪取，作者强调必须根据各地的气候条件开剪，并总结出一套能保证羊毛质量的剪毛方法和剪后处理方法。以上这些都具有极高的科学价值。全书文字简明，通俗易懂，并附有大量插图，使人一目了然，易于仿效。

知识链接

中国古代篇幅最大的一部蚕书

《蚕桑萃编》是中国古代篇幅最大的一部蚕书，为清末四川人卫杰综合多种蚕书中的材料于1894年编成。全书共15卷，其中叙述栽桑、养蚕、缫丝、拉丝绵、纺丝线、织绸、练染的共10卷；蚕桑缫织图3卷；外记2卷。19世纪末，直隶（今河北省）兴办蚕业，在保定设立官办蚕桑局，由卫杰负责技术工作。卫杰从家乡四川引入蚕种并挑选工匠来保定创办蚕桑业和传授种桑养蚕、缫丝织绸技术，为此特编成本书。书中除了对中国古蚕书的介绍和评价外，重点叙述了当时中国蚕桑和手工缫丝织染所达到的技术水平，尤其是在 3 卷图谱中绘有当时使用的生产器具，并附有文字说明。有些内容，如江浙水纺图和四川旱纺图中所绘的多锭大纺车，反映了当时中国手工缫丝织绸技术的最高成就。在外记第 14 卷中介绍了英国和法国的蚕桑技术和生产情况；在第 15 卷中介绍了日本的蚕务，这些对国外蚕桑技术与生产状况的记述是以前的著作中所没有的。《蚕桑萃编》内容详尽，通俗易懂，是研究中国近代蚕桑技术发展的珍贵参考资料。

古代印染技术

　　把一幅纺织品印上美丽的花纹，染成鲜艳的色彩，既是一项生产劳动，也是一种艺术创造。它不但有着重要的实用价值，同时也给我们带来了美的享受，使我们的生活更加丰富多彩。中国的印染工艺有着悠久的历史传统，在世界上享有很高的声誉。勤劳智慧的中国人民，经过数千年的辛勤劳动和艺术实践，在印染工艺方面积累了极其珍贵的经验，留下了非常丰富的文化遗产。

　　中国古代染整技术所包含的内容相当丰富，可概括为颜料和染料的制取、染色、印花、整理等几大方面。在1856年合成染料问世以前，中国的印染技术一直处于世界领先水平。

第一节
古代印染史话

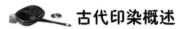 **古代印染概述**

我国的印染工艺，仅仅从纺织品的印花算起，就现知的实物来看已有
2000多年的历史了。如果把文献记载中染色和画绩的一段加上去，它的年代
还会大大向前推远。日常用品与艺术的结合，是工艺美术的一个主要特点。
纺织品通过印染而美化，就必须将装饰和工艺紧密地结合起来。印染在历史
上所走过的历程，也明白无误地证明了这一点。

印染发展到现代，以工作区别，可分为机器印染和手工印染两种。机器
印染系大量的匹料生产；手工印染一般限于批量较小或单件纺织品，如真丝
绸床单、台布、枕巾、手帕等。但手工印染的某些工序，也在逐渐走向机械
化。从印染的工艺特点上看，其方法大致分为三类，即：

（1）直接印花法，是将染料和粉糊调成印浆，用镂空花版或凸花印版把
印浆直接印在织物上，使之显出彩色花纹。

（2）拔染印花法，也叫"消色印染"，即先染地色，再在地色上印花纹。
它是利用药物与染料（媒染剂）的化学作用，使印有拔染剂的地方——花纹
部分因破坏染料（媒染剂），而呈无色还原，达到显花效果。

（3）防染印花法，也叫"防遏印染"。它与拔染印花相反，是于染色前
先用防染剂在织物上印花，然后染色，由于印有防染剂的地方不能上染而显
出花纹。防染法又可分为化学防染法和物理（机械）防染法两种。化学防染

法主要是利用还原剂与染料（媒染剂）的相互作用，使纤维不上染；物理防染法主要是采用具有排水性能的浆剂涂在织物表面，将局部遮盖，使染色时染液不能与涂有浆剂的纤维接触，因而显现出花纹。

这三类方法，我国古代的劳动人民都已创造齐备。虽然在每一类中，所使用的材料、工具、制版方法和操作方法在历史上有所不同，并表现出由简而繁、由粗而精，由手工而机械的过程，但其工艺的基本原理则是一致的。古代印染是现代印染的滥觞，现代印染是古代印染的继续和发展。丝网（筛框）印花脱胎于油纸（型纸）印花，而刻花滚筒正是木刻凸版的现代化和机械化。

原始时代的纺织与印染

研究染织美术的历史，则不能不先从服装的起源谈起。在古代，不论哪一种纺织品，虽然都有多种用途，但最初却是首先为了衣着。出土的骨针表明，我国早在两万年前已经有了缝纫技艺。不过，那时的衣服，还不是使用纺织品，而是将兽皮缝合起来。

原始人类用兽皮缝制衣服，首先是基于保护身体、防御寒冷的目的，以后才在服装上产生审美等要求。至于用来标志社会地位和分别等级的服装，则是阶级社会的产物，其时代就更晚了。

用纺织品缝制衣服，是在人类进入新石器时代之后开始的。原始人类在与自然界作长期斗争的过程中，不断地积累劳动的经验和生活的经验，不断地提高自己的认识能力。我国新石器时代仰韶文化遗址所出土的纺轮，说明当时的纺织手工已很普遍。

利用植物中的藤条之类编织器物，可能比利用自然纤维纺织为时要早。最初的平织纺织技术，极有可能就是从编织藤条中得到启示。我国中原地区原始社会的纺织物，虽然还没有实物发现，但从当时陶器上的印纹，能依稀看出其大体的面貌。河南陕县庙底沟仰韶文化遗址出土的陶器残片中，在一个器耳上就印着清晰的布纹，这应该是在制作陶器时垫布所压成的。此布纹在 1 平方厘米内，经纬各为 10 根，已和现代的粗麻布相近，可能是采用野麻纤维纺织的。就目前资料所知，麻类纤维是我国最早的纺织原料，直到殷周时期还占有重要的地位。

据分析，当时的纺织品已进行染色是有可能的。因为早在"山顶洞人"时期，人们已使用赤铁矿为颜料，将装饰品染成红色。庙底沟也出土有赤铁矿，并且还有研磨的石杵和石盘，上面遗有赤铁矿的红色痕迹。红色颜料的使用，明显地是由于装饰上的需求。因此，可以说，衣着上的装饰，是随着实用的目的而派生出来的。实用是第一性的，而装饰则是从属的。

商周时代的丝织和染色

商周是奴隶制时代，皮和麻仍是做衣服的主要原料。除此之外，还出现了精美的丝织品。

我国是世界上最早养蚕、缫丝和织造丝绸的国家，汉代以后才开始传到国外。古代希腊人和罗马人就称我国为"丝国"，视丝绸为珍品。我国究竟在什么时代发明了蚕丝生产技术，目前尚无法确定，但至迟到殷商时已很发达。丝纤维是一种理想的优质织物原料，具有纤维长、韧性大、弹性好和光泽、柔软、容易染色等特点。在奴隶制时代，丝织品受到了奴隶主贵族的重视。西周中叶的青铜器鼎的铭文中，记载了当时奴隶的价格："匹马束丝"可换五名奴隶。即是说，五名奴隶等于一匹马加一束丝。由此可以看出，奴隶地位的低下，而蚕丝却受到格外重视。

殷商以前，养蚕织绸的历史还没有什么实物证据，也没有可靠的文字记载。一些有关的传说，如黄帝妃嫘祖"西陵氏劝蚕稼，亲蚕始此"，也是在后世才出现的。浙江吴兴钱山漾出土的绢片、丝带和丝线等，虽然其文化性质属于新石器时代，但其绝对年代却相当于中原的殷周时代。江苏吴江梅堰遗址出土的新石器时代的黑陶，饰有"蚕纹"，但这遗址的黑陶属于"良渚文化"，年代也相当于殷周时代。如果从殷商时代算起，我国丝绸的历史至少也已有三千多年了。

一只屈曲蠕动的虫子，能吐出光洁的丝来，所以蚕在古人的心目中是十分神秘的。殷代的青铜器上，有蚕的图案作装饰。河南安阳和山东益都苏埠屯的殷墓中，都曾发现过用玉石雕琢而成的玉蚕。这种玉饰，在西周和春秋的墓葬中也有发现。甲骨文中已有蚕、桑、丝、帛等这些字。在《诗经》中，也有不少诗篇反映了养蚕、采桑、绩麻，以及关于丝帛、衣裳的事。

商代的丝织品实物，有的因黏附于青铜器，受到铜锈渗透而被保存下来，品种有素绸、暗花绸（文绮）和刺绣。这些在河南郑州和安阳都有出土。安阳殷墓出土的青铜钺上，黏附的织花丝绢图案，作四方连续的回形纹。这说明，至迟在殷商时代，我国劳动人民不仅使用织机，而且发明了提花装置，能够用蚕丝织出美丽花纹的丝绸了。

周代的丝织品实物，属于东周的发现已有多处。如河南信阳楚墓出土的文绮，湖北江陵望山楚墓出土的绫绢和刺绣，湖南长沙楚墓出土的缯书、帛画和

汉魏六朝的印染品

文绮、绢、刺绣等。故宫博物院所藏一件周代玉刀上，也残留有罗纱残片。

在奴隶制社会，丝绸已成为奴隶主贵族的主要衣着用料。统治阶级为了便于管理手工业生产，设置了"百工"的官吏；丝绸生产的专业分工也很细致。周代政府设有"典丝"之职，专门负责丝织品的质量检验以及原料的储存和发放。奴隶主贵族除了衣着之外，各种仪仗旌旗、帷幕巾布等，也用丝织品来制作。天子赏赐之职，也常用丝绸。最早的叫作"束帛"，即是普通的丝绸。东周时常常改用"束锦"，也就是锦缎了。自战国以来，"锦绣"联称，成为最华美的织物的代表。"锦"字约出现在西周末期，春秋战国时已屡见不鲜，《诗经》中也有不少诗篇提到了锦。

　　总之，早在春秋战国，甚至更早的时期，我国的丝织生产几乎遍及九州，品种也相当繁多了。

　　商周时期的纺织品有各种不同的颜色，可见当时的染色技术已有很大的提高。在染料方面，除了矿物质的如丹砂之外，又广泛地使用含有色素的植物染料进行染色。而且，用一种染草能够染出深浅不同的色彩层次，还能用几种染料套染，染出各种杂色（间色）。例如，用茜草染色，浸染一次，得淡红黄色；浸染二次，得浅红黄色；浸染三次，得浅朱红色；浸染四次，得朱红色。

　　《考工记》为先秦古籍，是研究我国古代工艺的一部重要著作。其中说："画缋之事，杂五色。东方谓之青，南方谓之赤，西方谓之白，北方谓之黑。天谓之玄，地谓之黄。青与白相次也，赤与黑相次也，玄与黄相次也。"

　　这种色彩上的规定，在服色上有所谓"衣正色，裳间色"的说法。正色就是赤、黄、青、白、黑五色，这些色彩只有统治阶级才能使用。因此，色彩便成了"表贵贱、辨等列"的工具。在以后长期的封建社会中，这一点发展得更为严重。

　　所谓"画缋"，就是在纺织品上直接画出图案。这是织物装饰的一种方法。

　　我国古代的植桑、养蚕、丝织，起始于黄河流域。所谓"齐纨鲁缟"，是春秋战国时期人们对齐鲁丝织品的称誉。秦汉时代，山东仍是全国丝织业最发达的地区。秦代宫廷中所用的丝织品，便是山东东阿一带所产的"阿缟"。汉代政府除在长安设东西织室外，还在齐郡临淄（今山东临淄）和陈留郡襄邑（今河南睢县）设"服官"，管理织造供宫廷中使用的丝织品。

　　丝织发展到汉代，品种已经很多，名称繁复而且混杂。往往由于时代和地域的不同，常有名同实异或实同名异的情况，有些名实已无法对起来。

　　汉代初年，以"锦、绣、绮、縠、絺、纻、罽"为高级纺织品，并规定不准商贾人士穿着。这七种纺织品，前四种系丝织物，后三种为高级的葛布、苎麻布和毛织物。除此之外，在我国西南和西北边疆地区，汉代时已用棉花织布，新疆地区已有东汉时期的实物发现。

汉代纺织的情形，在画像石上有不少反映。如山东滕县宏道院、龙阳店，嘉祥武梁祠，肥城孝堂山郭巨祠；江苏沛县留城镇，铜山洪楼等地出土的画像石中，都有织机的图像。江苏铜山洪楼出土的一石，不仅刻绘了正在纺织的情形，而且还表现出了有关的辅助工作。汉代纺织品的实物，以新疆出土者为最多，除丝织品如锦、绮、绢外，还有毛织品和棉织品。其他地区，如甘肃、内蒙、山西、河北、江苏等地，也都有丝织物发现。

汉代的染色已很讲究，对于一些色彩的认识和染料的掌握，也较以前更为精确和熟练。刘熙的《释名》中有"释采帛"篇，对当时一些主要的染色作了解释：

青，生也，象物生时色也。

赤，赫也。赫赫，太阳之色也。

黄，晃也，犹晃晃，象日光色也。

白，启也，如冰启时色也。

黑，晦也。如晦冥时色也。

绛，工也。染之难得色，以得色为工也。

紫，疵也，非正色。五色之疵瑕以惑人者也。

红，亦工也。白色之似绛者也。

缃，桑也。如桑叶初生之色也。

绿，浏也。荆泉之水于上视之，浏然绿色，此似之也。

缥，犹漂漂，浅青色也。有碧缥，有天缥，有骨缥，各以其色所象言之也。

缁，滓也。泥之黑者曰滓，此色然也。

皂（皂），早也。日未出时早起视物皆黑，此色如此也。

染色是纺织品加工过程中一个很重要的环节。没有五彩缤纷的色彩，精工细软的丝绸也会变得单调平庸。在当时，开辟染料的来源，是发展这种手工业的主要途径。

汉代马王堆出土的丝织物，包括刺绣所用的丝线，染色有二十多种，主要是朱红、深红、绛紫、墨绿和香色、黄色、蓝色、灰色、黑色等。朱红色

西汉丝织印花敷彩图案

系用矿物染料朱砂（硫化汞），深红色和青蓝色系用植物染料茜草和靛蓝，银灰色为硫化铅，粉白色为绢云母。

在纺织物上印花敷彩，既可以说是"画绩"与印花的结合，也可以说是画绩向印花的过渡。

自魏晋六朝以来，北方的定州、南方的广陵（扬州）和四川成都逐渐成为高级丝织物的中心。南北朝初期，沈约曾称誉江南荆扬地区"丝绵布帛之饶，覆被天下"。汉代以后，经三国两晋到南北朝时期，各地的纺织品汇总起来，品种已很齐全，不仅有丝有麻，而且有毛有棉。加工和装饰的方法，除了染色和织花、绣花以外，还有多种印花的方法。这一时期的印染品，现知者主要是东晋和北朝生产的，多发现于新疆吐鲁番和于田地区。

这些地区印染品的图案，相对来说都比较简单，制作上也看不出异常精美之处，说明这一工艺仍处在创造的初级阶段。这与马王堆出土的西汉印花，还看不出有直接的继承关系。如果从当地现知最早的棉布印花算起，即从汉末至南北朝，虽然经历了近400年，把这一阶段仍视为初创，似乎是长了些。但是，作为丝织品的加工和装饰来说，在那时应是以织花为主，印花不过是初露锋芒。

唐代的染缬

"染缬"，就是古代的丝绸印染。这种工艺发展到唐代已初具规模，技术也日臻成熟，其加工的方法有不少种。我们看一下传世的唐代绘画，如张萱画的《捣练图》和《虢国夫人游春图》，周昉画的《簪花仕女图》等，上面一些贵族妇女所穿的轻柔的彩帛，多是染缬产品。同时代的三彩陶俑和三彩陶器上，以及敦煌壁画中，也常见染缬的衣饰和类似染缬的花纹。"妇人衣青碧缬，平头小花草屦"，这种衣饰曾经风行一时。唐代贵族妇女的衣裙，歌伎舞女的衣裙，有不少都用染缬制作。

唐代不仅妇女的衣裙用染缬，就连男人身上穿的小袖齐膝袄子也有染缬团花，而且在开元（713—741 年）年间被定为礼仪制度。

隋唐时国家统一，生产发展，形成了我国封建社会一个繁盛的时期。唐代的官办手工业机构很大，其中少府监专"掌百工技巧之政"。属于少府监的织染署，便包括有 25 个"作"，分织纴、组绶、紬线、练染等。其中光练染之作就又分青坊、绛坊、黄坊、白坊、皂坊、紫坊等部门。

唐代染缬的品种很多。元代有一本叫作《碎金》的通俗读物，当中记了九种染缬名目。可见这些名目，或是实际产品，至迟在唐代都已有了。这九种染缬分别是：

檀缬，檀为浅赭色，可能是以色调特点而定染缬之名。

古代妇女眉旁的晕色叫作"檀晕"，所谓"檀晕妆成雪月明"。

这种檀缬有些像是浅赭色的绞缬，带有色晕的效果。

蜀缬，即蜀中染缬，是以地区而定染缬之名的。白居易诗中的"成都新夹缬"，《唐书》所记蜀缬袍即此。

撮缬，即撮晕缬，为绞缬中之比较复杂的一种。

锦缬，可能指方胜格子的式样。

茧儿缬，可能是以花纹定名，即几何形纹有些像蚕茧的。有种绞缬纹很相似。

浆水缬，是指工艺制作的特点，用糊料进行染色，类似近代的"浆印"。

三套缬，即三套色的丝绸印花。

哲缬，可能是画缬，或用笔直接画出，或用蜡染。

另外，在唐宋人的笔记中，还可见到一些染缬的名目，如鱼子缬，斑点如鱼子，是染缬中最为简便的一种。

玛瑙缬，可能是撮晕缬之最繁复者，使用绞缬之法，染出像玛瑙色彩的美丽的纹理。

唐代的印染工艺，除了印染连续花纹的纱绢之外，还有大型的巨制。不仅用在衣裙和彩幡上，而且用来制作屏风、帐幔。尤其是染缬的屏风，其意匠之巧，制作之精，色彩之丽，面幅之大，充分表现了唐代印染美术的伟大成就。

宋元的浆水缬和药斑布

唐代以后，时经五代至北宋，染缬工艺也在继续发展，并且时有新样。五代时，有淡墨色地深黄花的"尊重缬"。北宋张齐贤的《洛阳绅缙旧闻》中云："洛阳贤相坊，染工人姓李，能打装花缬，众谓之李装花。"这种"装花缬"，可能是仿照织锦花纹印染的多彩丝绸。1956年江苏苏州虎丘塔中发现的藏经石函中，有北宋印花经袱，在碧色地上印浅黄色双鹦鹉小团花。从图案风格上看，它与文献所记五代"尊重缬"似乎有一种继承关系。

"南宋杂剧"是我国古代戏曲的一种形式，描绘这种戏曲演出的南宋绘画，还有作品流传下来。其表演形式，一般为两人上场，或说或唱。有一幅宋人画作"杂剧人物"，画的是两个女扮男角的人物，正在相对作揖，所演节目已不可知。她们的服饰，尤其是那个在腰间插着一把破油纸扇、上面写着"末色"人物的服饰，所穿对襟衫子的衣领和腰上扎的围腰，很明显具有印染织物的特点：衣领红地，饰着白色的凤纹，并间以金色的回纹、凤纹的线条都是断开的，可能是随着红地印染；而金色的回纹则是另外加工，或许是用木版捺印。

复杂的染缬是很费工夫的，而贵族衣饰的争新斗奇更是形成了一种风气，为此宋代官方还曾以政府法令加以禁止。

元代染缬的实物还未见过，但从《碎金》中所记名目推测，种类应当不少。

在印染工艺上，由木刻凸版捺印发展到薄板镂花漏印，可说是一大发明；

而由薄木板雕镂改用油纸或皮革刻板，也是很大的改进。防染剂的材料，唐代已有多种。除熔蜡、碱剂之外，还有染色的糊料，即所谓"浆水缬"。它是在染液中加入粉质和胶质的充料，使其增厚，在漏版刮印时防止染液渗化，保证花纹界线清晰。这种方法，宋代以来已得到普遍应用，它同近代印染中的浆印原理是相同的。

《图书集成》卷六八一"苏州纺织物名目"中说："药斑布，出嘉定及安亭镇。宋嘉定中归姓者创为之。以布抹灰药而染青，候干，去灰药，则青白相间，有人物、花鸟、诗词各色，充衾幔之用。"由此可见，"药斑布"已同于近代民间流行的"蓝印花布"了。

"药斑布"的印花，工艺比较简单，而且能够适应印染品的大量生产。它的发展，是同宋元以来我国各地广种棉花、普遍纺纱织布分不开的。白布要染色，染色要纹饰，在机械印花发明以前，这种纸型漏版印花恰是与之相适应的。

明代民间棉布染踹整理业的勃兴

随着棉纺织业和棉织品贸易的发展，明代的棉布印染业和踹布业蓬勃兴起，十分繁荣。

明代的棉布印染业和棉纺织业一样，也分为官府和民间两个部分。

官府印染业原设有内织染局和外织染局，所需各种染料，如红花、蓝靛、槐花、乌梅、栀子等，都是每年向各地征派。但是，明代的官府印染业正在逐渐走向衰落。明中叶后，按规定原由织染局供应的某些产品，已无法满足需要。如军士服装（印染红、蓝等颜色），原由有关司局供应实物，至嘉靖七年（1528年）改为每人折给银七钱，由军需部门向市场购买。

同官府印染业衰落的情况相反，明代民间的染料作物种植和印染业日趋兴盛，尤其是在一些棉纺织业集中地，印染业和踹布业获得了更快的发展。

安徽芜湖和江苏京口（今镇江）是明代重要的印染业中心，当时有"浆染尚芜湖""红不逮京口"之说。江南生产的许多棉布和丝绸，往往要先在芜湖染色后，再运销其他地区。

清代踹布图

松江、上海一带，随着棉纺织业的不断发展，印染业和踹布业也迅速兴盛起来。明代时，松江、枫泾、洙泾（今金山）的大小布号多达数百家，而染家、踹坊也随即多起来。踹布坊是在棉纺织业发展后，一种专对棉布进行整理加工的新兴行业，主要是将漂染过的棉布砑光。砑光工艺最初使用于丝、麻织物，棉纺织业兴起后，很快扩大到棉布。棉布属于短纤维织物，表面绒毛经过砑光后，即成为结构紧密、质地坚实而有光泽的踹布，不仅外形美观，还可减少风沙尘埃的沾染。踹匠操作时，将棉布卷上木磙，置于石板，上压千斤凹形巨石。操作者双脚分踏巨石两端，手扶木杠，来回磙轧，使布质紧密光滑。踹石则须用江北性冷质腻的好石头，这种石头踹布时不易发热，踹后布缕紧密，不会松解。芜湖的大踹布坊最注重用好踹石。

随着棉布染制业的兴起，染色工艺和染料生产也有了新的发展。

明代，靛蓝染色成为印染业中的一个重要部门。福建、江西、安徽、浙江不少地区，大面积种植蓝草。同时，对靛蓝成分的认识也在不断深化。当时观察到提炼的固态靛蓝中有隐约可见的火焰红色，说明制造者已经注意到天然靛蓝中有少量靛红存在。而在欧洲，靛红到 18 世纪才被当地人分离出来。

黄色、绿色的染制和染料生产，在元明棉纺织业兴起后，也有了新的发展。除原有染料外，槐花、鼠李成为黄色、绿色染料中的后起之秀。

棉布染色是一门十分复杂的学问和技术，染料的发掘、提取、利用，色的配制，布的练、漂和着色，媒染剂的选择、使用，等等，这些都大有学问。从新石器时代以来，我国的印染技术一直在不断发展和完善，染料的种类、数量，印染的色谱在不断扩大，套染技术不断提高。

明代用于染色的植物已扩大到数十种，印染织物的色谱比以前更加丰富多彩。如当时染红的色谱中，就有大红、莲红、桃红、银红、水红、木红等不同色光，黄色谱中有赭黄、鹅黄、金黄等，绿色谱中有大红官绿、豆绿、油绿等，青色谱中有天青、葡萄青、蛋青、毛青等。单是《天工开物》一书记载的色谱和染色方法就达20余种，其中有些是明代新出现的，毛青就是明代后期才有的。

染坊内部的专业分工也更加精细。如松江的染坊分为蓝坊、红坊、漂坊和杂色坊4种：蓝坊专染天青、淡青、月下白三色；红坊染大红、露桃红；漂坊漂黄糙为白；杂色坊染黄、绿、黑、紫、古铜、水墨、血牙、驼绒、虾青、佛面金等色。染色进一步专门化，工艺也更趋完善。在染色工艺中已出现打底色（又称"打脚"）这一工序，以增加色调的浓重感。一些遗存下来的明代染色棉织品，经历了四五百年的岁月，仍然鲜艳如初，反映了当时在染料制作和染色方面的高超技术。

印染花布在明代也十分盛行。松江、苏州两府出产的药斑布，是一种用特殊工艺染制的印花布，斑纹灿烂，畅销中外。其染制方法是，以灰粉渗入明矾，在布面涂成某种花样，将布染好后，刮去灰粉，则白色花样灿然。这种染制方法叫作"刮印花"。此外，又有称之为"刷印花"的印染法，即用木板或油纸镂刻花纹图案，再以布蒙板而加以压砑，然后用染料刷压砑处。明代印花布色调多样，但以蓝、白两色为主，即蓝地白花或白地蓝花。蓝白印花布在明代十分盛行，主要用作被面、衣料、围裙、蚊帐、门帘等。印花图案大多取材于花草、鱼、虫、鸟兽、人物和传说故事等，其中有不少寓意吉祥如意的图案。花纹图案质朴大方，花形较大，线条粗犷有力，色彩明快，鲜艳夺目，反映了当时娴熟的民间绘画技巧和棉织品印染工艺。西南、西北一些少数民族的印花棉布也十分精巧，富有地域特色。

清代印染、踹布业的大发展

随着棉纺织业的迅速扩大，清代直接为棉布进行整理加工的印染业和踹布业比明代有了更大的发展。

苏州是清代最大的染踹业中心。康熙后，苏州迅速发展成为棉纺织业和棉布集散中心，松江的一些大布号不断转移到苏州。原来松江有青蓝布号数十家，到雍正、乾隆之交，仅剩数家；而苏州布号则多达六七十家，松江布也都运到苏州加染，统称"苏布"。因此，"苏布名称四方"。康熙五十九年（1720 年），苏州有染坊 64 家，染匠上万人。乾隆以后，苏州染坊业更加兴盛，并能印花，称为"苏印"。布号加工棉布时，一般都在机头上印上该店牌号，以昭信义。商贾贸易布匹，只凭字号认货。苏州的踹布业也十分兴旺，雍正年间，共有踹坊 400 余处，踹匠不下万余人。

上海、江宁、扬州以及浙江嘉善、湖州等地的染踹业也都十分发达。上海、江宁的印染、踹布业，明代时就很繁荣，内部专业分工细密。浙江嘉善枫泾镇以棉纺织闻名，染踹业相应发展，镇上多布局，局中所雇染匠、砑匠众多。

清代印染技术更加成熟，色谱更加丰富齐全。以扬州小东门街戴家染坊为例，能染造的颜色不下数十种，如红色有淮安红、桃红、银红、靠红、粉红、肉红，紫色有大紫、玫瑰紫、茄花紫，白色有漂白、月白，黄色有嫩黄（如桑初生）、杏黄、蛾黄（如蚕欲老），青色有红青、金青、玄青、虾青、沔阳青、佛头青（即深青）、太师青，绿色有官绿、油绿、葡萄绿、苹果绿、葱根绿、鹦哥绿，蓝色有潮蓝、睢蓝、翠蓝。此外尚有茶褐（黄黑色）、驼绒（深黄赤色）、古铜（深青紫色）、大薰（紫黑色）、余白（白绿色）、炉银（浅红白色）、密合（浅黄白色）、藕合（深紫绿色）、红棕（红多黑少）、黑棕（黑多红少）、枯灰（紫绿色）以及茹花色、蓝花色、栗色、绒色，等等，将近 50 种。清代棉布的色彩鲜艳夺目，异常丰富。

踹布石

在印染生产的发展过程中，一些地区的染坊不断调配和染印出新的颜色，并相互交流和吸收，使印染的色谱越来越丰富。

清代一些地区，尤其是苏州地区的印染和踹布业，达到了一定的生产和经营规模，普遍使用雇佣劳动力。有的雇工人数较多，出现了新的资本主义生产关系的萌芽。

染坊除厂房外，主要设备是染缸，专色专用。一座中等印染作坊，至少需染缸五六十只，太少即无法周转。此外还有晒竿、晒场。踹坊的基本没备是元宝石，或称菱角石，一副上下两块。踹布石的质地有严格的要求，据宋应星《天工开物》说，元宝石须"性冷质腻"，踹时摩擦不发烧，好的每块价值十余金。踹布最初是由染坊兼营，较大的染坊需备元宝石十余副，供踹匠轮班使用。康熙中叶后，踹坊与染坊逐渐分离。

清代前期，苏州染坊、踹坊雇用的工匠大多为来自农村的单身游民，其中不少显然是从土地上被排挤出来的破产农民。各坊的工匠少则十余人，多则数十人至百余人不等。

染坊基本的经营方式和雇佣关系是，染坊承接染布商交来的棉布，由布商按匹付给"酒资"，染坊主从中提取二成至三成，其余部分分给雇工。除承接布商染活外，他们也为乡间农民织户染布，并兼营砑踹。农民染布需要砑踹的，另收踹光费。也有的布商自开染坊，对购进的布匹进行印染加工，称为"本坊"。

明清时期的印花布

明清时期的棉布印花，以单色的蓝印花布为主，此外还有彩色印花布。

蓝印花布是宋代"药斑布"的继续和发展，明清之际又称其为"浇花布"。

明代的蓝印花布，实物传世者不多。广州东山出土过一批本色棉布和蓝布，还有青地白花、白地绛花的印花布。南京博物院藏有江苏无锡大墙门出土的印花丝织物两种，是在丝织物上以纸型刷印金花。一种是黄色地印金花，花纹为四方连续的缠枝莲，与同时代的锦缎花纹相同，只是花纹各部分间断，显然是受花板刻镂的局限所致。另一种是深褐地印金花，花纹为飞鸟与云朵间隔排列的边饰，形象的各部分也是间断的。

明代的丝绸印花，除单色者外，也有彩色套印的。故宫博物院所藏明代七彩夹缬"百果丰硕"花绢，构图复杂，色彩艳丽，染印精工，完全可与彩锦相媲美。清代佛山还有一种印花纱，"以土丝织成，花样皆用印板"（《广州府志》）。

明清两代丝、棉的染色已经相当复杂。褚华的《木棉谱》中说：

"染工：有蓝坊，染天青、淡青、月下白；红坊，染大红、露桃红；漂坊，染黄糙为白；杂色坊，染黄、绿、黑、紫、古铜、水墨、血牙、驼绒、虾青、佛面金等。其以灰粉渗胶矾涂作花样，随意染何色，而后刮去灰粉，则白章烂然，名刮印花。或以木板刻作花卉、人物、禽兽，以布蒙板而砑之，用五色刷其砑处，华采如绘，名刷印花。"

这种"刮印花"和"刷印花"，不仅能印染各种单色的花布，并且能套印出五彩的花布。使用"灰粉"

近代江浙木版砑花（三种）

（即防染剂），一般只限于单色。如若把调好的糊状色浆在花板上刮印，便可依专用的套板进行套印，最后经过蒸洗，制成彩色花布。刮印花还有的用油漆印花，叫作"漆印"。用漆在色布上印出的散花，色泽光亮，别具特点。刷印花除用木板外，也有用油纸的漏花板的，以毛刷（或棕刷）在布上直接刷色。

在机印花布还未普及之前，蓝印花布遍于全国城乡。"苏印"的蓝印花布，其生产的规模是相当可观的。

蓝印花布的应用范围很广，形式多样。除一般匹头料外，有很多是依据特定的用途而设计的，如被面、门帘、桌围、帐缘、头巾、枕巾、包袱，以及小孩的围嘴、肚兜等。匹头料的图案，多为小串花和缠枝花，排列形式很多。适应特定用途的图案，除中心花纹多作折枝、团花、对花外，花边和角花用得也很多。

近代和现代民间的蓝印花布上的图案，多是世代相传的传统形式。虽然每代都有增改，但基本上仍保持着原有的风貌，可视为古代特别是明清两代图案的继续和发展。

总之，从历史的遗留和近代民族民间的印染图案中，有不少好的传统值得我们学习。特别是古代劳动人民热爱生活、美化生活的质朴感情，以及他们在印染艺术上所积累的经验与所创造的优美的艺术形式。

知识链接

元宝石和古代的染坊

元宝石，又称"研光石""端布石""扇布石""踩布石""飞雁石"等，是古代染布作坊用于碾整染布成品的特有工具。各地所用元宝石的大小不一，但形状相近，小者五六百斤，重者千余斤。元宝石由两部分组成，上乣为一元宝形石片，一般厚约30厘米，高约70厘米，长约100厘米；下乣为一长方形垫石，中心纵向呈浅凹状，与上乣元宝形石底部横向的圆弧相吻。碾布作业的情景是"下置磨光石板为承，取五色布卷木轴上，上压大石如凹字形者，重可千斤，一人足踏其两端，往来施转运之，则布质紧薄而有光"。

使用元宝石较早的文字记载见于明代宋应星所著的《天工开物乃服》中："凡棉布寸土皆有，而织造尚松江，浆染尚芜湖。凡布缕紧则坚，缓则脆。碾石取江北性冷质腻者（每块佳者值十余金），石不发烧，则缕紧不松泛。芜湖巨店首尚佳石。"宋应星在这里不仅记录了当时松江织造业和芜湖浆染业的发达繁荣，也记下了元宝石的一些情况，很是珍贵。第一，用元宝石碾布可使染过的织物"缕紧不松泛"。第二，"取江北性冷质腻者"做"碾石"是有道理的，即使碾轧作业时间长了，"石不发烧"，不会由于磨擦产生热而损坏织物。第三，"芜湖巨店首尚佳石"，是指规模大的印染店，都非常喜欢材质好的元宝石，不惜重金购之，并以此来炫耀自己的实力和招揽生意。

第二节
染料与染色

 ## 中国古代的染彩

在中国古代，人们把布帛等物用染料着色，称为"染彩"。清代刻本《蚕桑萃编》中就有染色工匠正在染彩的插图。《书·益稷》中记载："以五采彰施于五色，作服。"采是彩的通假字，彰施就是使色彩凸显出来，即指"染彩"。《墨子·所染》中说，"染于苍则苍，染于黄则黄，所入者变，其色亦变"，也是讲染彩的情况。

从考古发掘到的历史文献中可以证实，我国早在山顶洞人时期就已使用红色矿物颜料，原始社会先民已开始用色彩绘图。商周以来，五彩彰施，浸染、媒染、套染、绞染、夹染、蜡染、碱印与拓印等工艺技术渐次发展与完善。华夏先民在漫长而曲折的路程中，积累了丰富的染彩经验。那些取自天然的染料，或来源于矿物，或来源于植物，先民们在生产实践中掌握了染料提取技术，掌握了织物染彩的工艺，不断地生产出五彩纷呈、绚丽璀璨的染织品。

据文献记载，早在西周时期，皇室宫廷中就设有专管染色植物的收藏、保管与泡制、染色的职官，称作"染人"。在秦代，设有"染色司"；自汉至隋，设有"染色署"；唐宋设有"染院"；明清设有"蓝靛所"。统治机构牢牢控制着织物染彩技术，因为染彩不仅关系国民经济，而且事关对社会臣民的管理控制，乃国计民生之大事。

我国古代把色素差异明显的青、黄、赤、白、黑五种基本颜色，称为"五色"，又称"正色"。正色之间经调配混和出的其他颜色，则称为"间色"。古人穿衣，上衣象征天，用正色，多以染绘；下裳象征地，用间色，多以绣饰。所谓"衣画裳绣"，即上古之时画绣并用于衣的过程。

到明代，染料种植呈区域性发展，"福建而南，蓝甲天下"；江西赣州，"种蓝作靛"；而川陕一些地区，则"满地种着红花"，每逢五六月红花集市，"贾客幅辏，往来如织"。当时练染纺织品的染坊、踹房在各地发展很快。

"五色土"及矿物染料的应用

赭石，实际上是天然的赤铁矿，在自然界里大量存在，是人类使用最早的矿物颜料。新石器时代，人们可能就是用这些赭石研磨成粉浆，再涂到身体或衣服上去的。

随着生产的不断发展，人们对矿物颜料的认识也日渐广泛起来。除了赭红色的赭石外，还发现不少五颜六色的石块也可以研磨使用。战国时期的《尚书·禹贡》中总结了上古至秦时期丰富的地理知识，其中就有"黑土、白土、赤土、青土、黄土"的记载，说明我国古代劳动人民早已对具有不同天然色彩的矿石或土壤有所认识。

红色的矿物颜料，除赭石外，还有朱砂，又叫辰砂，古时候称它为丹。它显示的红色光泽更纯正、鲜艳，其主要化学成份是硫化汞，属于辉闪矿类，在我国湖南、湖北、贵州、云南、四川等地都有出产。到周代，这种中原比较稀少的红色颜料已经可以通过贸易大量获得。随着奴隶主的掠夺加剧以及奴隶制度下"礼制"的确立，朱砂成了奴隶主贵族们所垄断的专用品；而色调较暗、来源丰富的赭石，则变成了低贱的颜料，"赭衣"成为罪犯所穿的专门服装。

秦始皇时，在巴地有个叫清的寡妇，她的祖先发现了那里的朱砂矿，经过经营"而擅利数世"。后来朱砂的生产规模日益扩大，成为秦汉时期普遍采用的颜料。东汉以后，随着炼丹术的发展，人们对于无机化学反应的认识提高到了一个新的水平，开始人工合成硫化汞。古时称人造的硫化汞为银朱或紫粉霜，以与天然朱砂区别，主要用硫黄（古药书中称为石亭脂）和水银在特制的容器里进行升华反应制取。

除了上面所说的红色矿物颜料外，我国古代劳动人民在长期的生产实践中，还使用石黄（又叫作雄黄、雌黄）等三硫化二砷矿石，以及黄丹（或叫铅丹）等氧化铅矿石作为黄色颜料的天然来源，并用各种天然铜矿石作为蓝色、绿色颜料的来源。

五彩缤纷的植物染料

新石器时代，人们在应用矿物颜料的同时，也选用天然的植物染料。原野上那些开着红花、紫花、黄花的野草以及它们绿色的叶片，都成了选用的对象。起初人们也只是把这些花、叶揉搓成浆状物来涂绘，以后逐渐知道了用温水浸渍的办法来提取植物染料，选用的对象也扩大到植物的枝条甚至树的皮和块根、块茎。但常常和人们的愿望相反，不管是红色、黄色、紫色或其他鲜艳的花朵，甚至各种植物的叶片和枝条，在浸泡以后得到的总是黄澄澄的液汁——看来提取植物染料并不是那么容易的事。

通过千百年的反复实践，我国古代劳动人民终于发现了蓝草可染蓝色、茜草可染红色、紫草可染紫色等。

随着奴隶社会的崩溃，新的生产关系的建立，生产和生活中对植物染料的需要量不断增加，因而就出现了以种植染草为业的人。这期间，一种原产于我国西北地区的可以染红的植物——红花（又叫红蓝花），也开始流传到中原地区，并且也有了"红蓝花种以为业"的人。

明、清时，可以用于染色的植物已扩大到几十种。譬如，槐米（未开的花蕾）就可以染黄；黄柏树、开着粉红色花苞的郁金草，以及山野到处生长着的楸树、栌树、柞树等都是染色的好原料；还有我国南北都有出产的五倍子，更是从古至今重要的染色原料。这些染料来源丰富，其染色牢度远比矿物颜料好，因而在纺织品染色印花加工工艺中，逐渐取代了古老的矿物颜料。当时除满足我国自己需要外，大量的植物染料还出口到国外。

媒染剂的应用

因为茜草、紫草等植物里所含的色素对丝或麻纤维没有亲和力，必须借助于"媒染剂"（大多是金属盐类化合物），才能染到纤维上去。两千多年以前，我国古代劳动人民不仅会用媒染剂进行媒染法染色，而且还创造了套染染色法。

当人们利用一种染料染色时，织物每浸染一次，色光就会加深一些。譬如用茜草染红时，染几遍以后颜色就由浅红而变深红。因此，每染一次，色名也变一次，如《尔雅》中说"一染縓，再染赪，三染纁"，就是说要染三次才得到大红色。另外，用两种以上的不同染料，也可以进行套染。如用蓝草染了以后，再用黄色染料套染，就会呈现绿色；染黄以后再染红就得橙色；染红后再染蓝就得紫色。商、周时代，染红、蓝、黄三种颜色的植物染料都已经获得，并能利用红、蓝、黄"三原色"套染出五光十色来。

随着染色生产的不断发展，我国古代劳动人民对媒染剂的认识也不断深入。如染红时，不论是用茜草或红花都需要铝盐类作媒染剂。而天然铝盐——白矾出产并不普遍，在弄不到白矾的地方，只有另找代用品。唐代的《唐本草》里，就有以柃木或椿木灰作媒染剂的记载，这一方法甚至流传到日本。经现代科学分析测定，证明这些树木灰分里含有较多铝盐化合物。此外，有一些河水中由于溶解了大量的铝盐，也可加以利用。如《南方草木状》记述了当时用苏木这类植物染料染红时，再浸渍大庾岭的河水，"则色愈深"。大量媒染剂的开发和利用，促使染色生产日益发展。元末，爆发了红巾军农民大起义。红巾军以鲜红布巾包头，以红旗为号，像燎原烈火般地燃遍中国大地，终于推翻了元的封建统治。这些红色布巾和旗帜的染制，大都是就地取材用媒染法染成的，足以证明当时媒染法运用之普遍。

明代，套染技术进一步提高，所染的色谱也日益扩大。譬如当时染红的色谱中，就有莲红、桃红、银红、水色红、木红色等不同色光；黄色谱中有赭黄、鹅黄、金黄等。单是《天工开物》一书记载的色谱和染色方法就有二十余种，表明当时劳动人民不论在选用染料方面还是在掌握染色技术方面，都已经很熟练了。当时，在染色工艺中，还有打底色这一工序，以增加色调的浓重感。

知识链接

高贵的黄栌

黄栌，又名栌木，漆树科落叶植物，分布于我国东北部和中部。这种木材可制器具，兼用于提取黄色染料。染色方法据《天工开物》记载：先用黄栌煎水染，再用麻秆灰淋出的碱水漂洗。栌木中含一种叫非瑟酮的色素，染出的黄色在日光下是略泛红光的黄色，在烛光下是泛黄光的赤色。这种神秘的光照色差，使它成为最高贵的服色染料，自隋到明一直是"天子所服"。

第三节
古代印染技术

织物上的花纹图案，可采用先染后织的方法形成，即先将纤维着色，而后织造。但在织造技术尚不甚发达的商周时代，不具备织造具有复杂花纹织物的技术，当时为获得美观大方的纺织品，只能采用手绘的方法，把颜料涂抹在织物上。战国以后，人们经过不断摸索发明了型版印花技术。由于印花技术简单实用，印花成本低，速度快，一经出现就大受欢迎。即使在织造技术有了突破性进步、已具备织造各种复杂花纹技能的时候，印花技术也没停滞不前，仍在迅猛发展，以至于成为纺织技术不可缺少的重要组成部分。古代主要流行的印花方法有画缋、凸版印花、夹缬、绞缬、蜡缬等。

染缬的种类

汉代之后，我国的丝绸印染发展极快，而且形成了中国自己的技术体系——染缬。

中国古代染缬可以粗分为手工染缬和型版染缬两大类。在手工染缬中，可以包括手工描绘、手绘蜡缬、绞缬等。其中手工描绘和手绘蜡缬的各种工艺在型版印花中都曾应用，只是图案的自由度较大而已。只有绞缬是一种独特的工艺，是与型版印花绝然不同的工艺。型版印花首先可以根据印花版的情况分为凸版（阳版）、镂空版（凹版或阴版），凸版是以凸出部分作花上色印制，镂空版就是用凹进或镂空的部分上色作花印制。有时，两者效果相差很大。凸版染缬较为简单，通常有压印和拓印两种。而镂空板染缬主要是防染印花，其工艺可分为一次防染和二次防染，一次防染是用镂空版防染，直接染上色彩，如夹缬、弹墨之类；二次防染则是首先将镂空版防"染"染上一些防染剂如蜡、灰之类，然后再用这些防染剂去防染染料染色，最后去掉防染剂，染缬即成，此中类型以型版蜡缬和灰缬最为典型。

印染工艺的前身——画缋

画缋实际上是两种性质相近、给织物局部变换颜色的工艺，一般多用于绘制天子、诸侯以及不同等级官员的服饰图案。画是在服饰上以笔描绘图案，缋则是用绣或类似方法修饰图案和衣服边缘。据文献记载，商周的贵族很喜欢穿画缋的服装，并以不同的画缋花纹来代表其社会地位的尊卑。如周代帝王、大臣服饰中就有一种绘有日、月、星辰、宗彝山、龙、华、虫（雉）、藻（水草）、火、粉米、黼（斧形花纹）、黻（对称几何花纹）这12个花纹图案的画衣。这12种花纹是分等级的，以日、月最为尊贵，从天子起直到各级官吏，按地位尊卑、官职高低分别采用。从出土的西周丝绸及刺绣织品来看，贵族选用的图案既复杂，色彩又丰富。这些图案不是简单地描绘在织物上，而是采用了一个较为复杂的工艺过程，即先将织物用染料浸染成一色，再用另一色丝线绣花，然后再用矿物颜料画缋。

画缋工艺因费工费时，着色牢度又差，很快被印花技术所取代，但因其所染织物有着与

汉墓出土的"T"形帛画

其他染色方法不同的特殊风格，仍深受人们的喜爱，所以历代一直都有少量生产。马王堆一号汉墓出土的文物中，有一幅用植物染料和矿物颜料涂绘的T字形帛画。画缋的艺人用艳丽的色彩在帛上勾绘出天上、人间、地下三个境界，奇虫异兽在此区间游窜，使整个画面形象既丰富又充满了浪漫情趣。这幅画缋织物的罕见之作，代表了古代画缋工艺的最高水平。

古代纺织品的彩饰如此繁多，可以想象，如果单靠徒手来画，不但十分费事，而且用稀薄的染液直接画到细致的绸子上，颜色很容易向外浸开，必然影响到花纹的质量。随着社会生产的不断发展和劳动技术的不断提高，古代人们充分运用他们的天才和智慧，终于在画缋的基础上进一步创造了印染技术。可以说，"印染"是"画缋"的必然发展，"画缋"则是印染技术的前身。

 ## 绞缬

绞缬，是在布、帛上需要染花的部分，按照一定的规格用线缝扎，结成十字形、蝴蝶形、海棠形、水仙形等各种纹样，或者折成菱形、方格形、条纹等形状，用线扎结起来，然后拿去染色；染好后晾干，把线结拆去，就显出白色的斑纹。

这种绞缬方法最适于染制简单的点花或条格纹。如扎结得工细一些，也能染出比较复杂的几何花纹；而且还可以用多次套染的办法，染出好几种彩色。这种方法既不需用印花板，也不必用排染药剂，非常简便，一般人家都可以做，并且能随心所欲地印染成各人爱好的花样。因此，绞缬很早就成为民间广泛使用的印染方法。到了唐朝，这种方法不但十分普遍，而且还能够利用高级的丝质材料，精心加工，制作成极其精美的花纹。

唐代绞缬名目多见于唐诗之中，有撮晕缬、鱼子缬、醉眼缬、方胜缬、团宫缬等，大多以纹样图案为名，出现较多的是鱼子缬和醉眼缬，这些也就是出土实物中最常见的小点状的绞缬。不过，它们在正史作者的笔下，就没有那么丰富的词汇，只是称其为紫缬、青缬等而已。

宋元时期的绞缬名称有所增多，有玛瑙缬、哲（折）缬、鹿胎等。其中

绞缬扎法示意图

出现最多的是鹿胎，据沈从文先生考证，当为摸拟鹿胎纹样、紫地白花的一种绞缬产品。而折缬则是折叠后再进行扎染的缬。这些名称虽然出现在宋元时期，但其技术手段均已在唐代绞缬中出现过。

文献记载和出土文物表明我国古代民间至迟在公元 4 世纪时就已经普遍从事绞缬生产了。当时流行的绞缬花样有蝴蝶、蜡梅、海棠、鹿胎纹和鱼子纹等，其中紫地白花酷似梅花鹿毛皮花纹的鹿胎缬最为昂贵。晋代陶潜在他所著的《搜神后记》中，记述了这样一件事：一个年轻的贵族妇女身着"紫缬襦（上衣）青裙"，远看就好像梅花斑斑的鹿一样美丽。显然，这个妇女穿的衣服是用有"鹿胎缬"花纹的绞缬制品做成。从唐到宋，绞缬纺织品深受人们的喜爱，很多妇女都将它作为日常服装材料穿用，其流行程度在当时的陶瓷和绘画作品上也得到了翔实反映。如当时制作的三彩陶俑、名画家周昉画的《簪花仕女图》以及敦煌千佛洞唐朝壁画上，都有身穿文献所记民间妇女流行服饰"青碧缬"的妇女造型。陶毅在《清异录》中记载，五代时，有人为了赶时髦，甚至不惜卖掉琴和剑去换一顶染缬帐。小小的一件纺织品，如此让人渴望拥有，足以说明绞缬制品在这时期风行之盛、影响之深。元明时，绞缬仍是流行之物，元代通俗读物《碎金》一书中就记载有檀缬、蜀缬、锦缬等多种绞缬制品。

在古代西北少数民族地区还有一种扎缬和织造相结合的扎经染色工艺。其法是先根据纹样色彩要求，将经丝上不着色部位以拒水材料扎结，放入染液中浸染。可以多次捆扎，多次套染，以获得多种色彩。染毕，经拆结对花后，再重新整理织造，便能得到色彩浓艳、轮廓朦胧的织品。这种工艺自唐代出现后一直沿用至今，近代深受维吾尔族和哈萨克族人民喜爱的玛什鲁布、爱的丽斯绸就是采用这一工艺。

凸版印花

凸版印花的方法并不复杂，是在平整光洁的木板或其他类似材料上，雕刻出事先设计好的图案花纹，再在图案凸起部分上涂刷色彩，然后对正花纹，以押印的方式，施压于织物，即可在织物上印得版型的纹样。其实日常生活中，我们以图章加盖印记，就是一种最简单的凸版印花。凸版印花技术起源于何时，现在还没有定论，不过在西汉的时候，已具有相当高的水平。长沙马王堆出土的印花敷彩纱和金银色印花纱，就是用凸版印花与绘画结合的方法制成的。印花敷彩纱是先用凸纹版印出花卉枝干，再用白、朱红、灰蓝、黄、黑等色加工描绘出花、花蕊、叶和蓓蕾。敷彩纱表面，手绘花卉，活泼流畅，细致入微，凸印花地，清晰明快，线条光滑有力，很少有间断。整个织物用色厚重而立体感强，充分体现了凸纹印花的效果。金银色印花纱是用三块凸纹版分三步套印加工而成，即先用银白色印出网络骨架，再在网络内套印银灰色曲线组成的花纹，而后再套印金色小圆点。从整体来看，银色线条光洁挺拔，交叉处无断纹，没有溅浆和渗化疵点，有些地方虽由于定位不十分准确，造成印纹间的相互叠压以及间隙疏密不匀的现象，但仍能反映出当时套印技巧所达到的娴熟程度。

凸版印花工艺简便，对棉、麻、丝、毛等纤维均能适应，因此一直是历代服饰和装帧等方面的主要印制方法。这一技术在公元五六世纪时传到日本，当时日本人称这种印花布为"析文"或"阶布"；在 14 世纪又传入欧洲，先在意大利盛行，不过直到 18 世纪欧洲各国才普遍掌握了这一技术。

我国少数民族地区采用凸纹印花十分普遍，运用技巧也比较娴熟。如清代新疆维吾尔族人民创制出的木戳印花和木滚印花就很有特色：木戳面积不大，可用于局部或各种中小型的装饰花纹；木滚印花由于是用雕刻花纹的圆木进行滚印，所以适于幅度较大的装饰花纹。

 **夹缬**

夹缬，是用两片薄木板镂刻成同样的空心花纹，把布、帛对折起来，夹在两片木板中间，用绳捆好，然后把染料注入镂花的缝隙里，等干了以后去掉镂板，布、帛就显出左右对称的花纹来。这种夹缬方法，在秦朝时就已经有了。在我国西北地区曾经发现了不少唐朝时候用夹缬方法染成的布、帛。日本正仓院也保存有唐朝五彩的夹缬纱罗、巨幅夹缬的"花树对鹿""花树对鸟"屏风和夹缬绸绢制成的屏风套等。故宫博物院则有明朝七彩的夹缬印染遗物多种，用百花、百果等形象作为图案的素材，取"百花并茂""百果丰硕"的吉祥含义，也很精致。

夹缬始于秦汉之际，隋唐以来开始盛行。据文献记载，隋大业年间，隋炀帝曾命令工匠印制五色夹缬花裙数百件，以赐给宫女及百官的妻妾。唐玄宗时，安禄山入京献俘，玄宗也曾以"夹缬罗顶额织成锦帷"为赐。表明当时夹缬品尚属珍稀之物，仅在宫廷内流行，其技术也宫廷垄断，还没有传到民间。《唐语林》记载了这样一件事："玄宗时柳婕妤有才学，上甚重之。婕妤妹适赵氏，性巧慧，因使工镂板为杂花之像，而为夹缬。因婕妤生日，献王皇后匹，上见而赏之。因敕宫中依样制之。当时其样甚秘，后渐出，遍于天下，乃为至贱所服。"说明夹缬印花是在玄宗以后才逐渐流行于全国的。唐中叶时制定的"开元礼"制度，规定夹缬印花制品为士兵的标志号衣，皇帝宫廷御前步骑从队，一律穿小袖齐膝染缬团花袄，戴花缬帽（这一制度也曾被宋代沿袭）。连军服都用夹缬印花，可以想象夹缬制品的产量和它在社会盛行的程度。从这些五彩夹缬品，可以看出那时夹缬工艺是相当精巧的。

由于夹缬工艺最适合棉、麻纤维，其制品花纹清晰，经久耐用，所以自唐以后，它不仅是运用最广的一种印花方法，还得到继续发展。如从宋代起镂空印花版逐渐改用桐油涂竹纸代替以前的木板，染液中加入胶粉，以防止染液渗化造成花纹模糊，并增添了印金、描金、贴金等工艺。福州南宋墓出土的纺织品中，就有许多衣袍镶有绚丽多彩、金光闪烁、花纹清晰的夹缬花边制品。

 **蜡缬**

蜡缬，现在称为蜡染。传统的蜡染方法是先把蜜蜡加温熔化，再用三至四寸的竹笔或铜片制成的蜡刀，蘸上蜡液在平整光洁的织物上绘出各种图案。待蜡冷凝后，将织物放在染液中染色，然后用沸水煮去蜡质。这样，有蜡的地方，蜡防止了染液的浸入而未上色，在周围已染色彩的衬托下，呈现出白色花卉图案。由于蜡凝结后的收缩以及织物的绉褶，蜡膜上往往会产生许多裂痕，入染后，色料渗入裂缝，成品花纹就出现了一丝丝不规则的色纹，形成蜡染制品独特的装饰效果。

古代蜡染以靛蓝染色的制品最为普遍，但也有用色三种以上者。复色染时，因考虑不同颜色的相互浸润，花纹设计得比较大，所以其制品一般多用于帐子、帷幕等大型装饰布。

据研究，我国的蜡染工艺起源于西南地区的少数民族，秦汉时才逐渐在中原地区流行。1959年新疆民丰东汉墓发掘出两块汉代蓝白蜡染花布，其中一块图案是由圆圈、圆点几何纹样组成花边，大面积地铺满平行交叉线构成的三角格子纹；另一块则系小方块纹，下端有一个半体佛像。这两件蜡染制品所示图案纹样的精巧细致程度，为当时其他印花技术所不及，反映出汉代蜡染技术已经十分成熟。隋唐时蜡染技术发展很快，不仅可以染丝绸织物，也可以染布匹；颜色除单色散点小花外，还有不少五彩的大花。蜡染制品不仅在全国各地流行，有的还作为珍贵礼品送往国外。日本正仓院就藏有唐代蜡缬数件，其中"蜡缬象纹屏"和"蜡缬羊纹屏"均系经过精工设计和画蜡、点蜡工艺而得，是古代蜡缬中难得的精品。

宋代时，中原地区的纺织印染技术有了较大进步。蜡染因其只适于常温染色，且色谱有一定的局限，逐渐被其他印花工艺取代。但是在边远地区，特别是少数民族聚居的贵州、广西一带，由于交通不便，技术交流受阻，加之蜡的资源丰富，蜡染工艺仍在继续发展流行。当时广西瑶族人民生产一种称为"瑶斑布"的蜡染制品，以其图案精美而驰名全国。此布虽然只有蓝白两种颜色，却很巧妙地运用了点、线、疏、密的结合，使整个画面色调饱满，层次鲜明，独具瑶族古朴的民风和情趣，突出地表现了蜡染简洁明快的风格。这种蜡染布的制作方法很独特，据周去非《岭外代答》记载：是"以木板二片，镂成细花，用以夹布，而熔蜡灌于镂中，而后乃释板取布，投诸蓝中，布既受蓝，煮布以去其蜡，故能变成极细斑花，炳然可观"。

蜡染制品在我国西南苗、瑶、布依等少数民族聚居区，一直流行不衰，至今仍是当地女性所喜爱的衣着材料。

印金

丝织物上用金，原出于对豪华富贵的追求。织金、绣金盛自唐代。明代杨慎引《唐六典》提到唐代用金方法共 14 种，有销金、拍金、镀金、织金、砑金、披金、泥金、镂金、拈金、戗金、圈金、贴金、嵌金、裹金。到宋代大中祥符诏令中提及衣服用金之法，已达 18 种，即销金、镂金、间金、戗金、圈金、解金、剔金、拈金、陷金、明金、泥金、榜金、背金、影金、阑金、盘金、织金、金线。在这些名目中，大多数用法已不可考，有部分属于

印金花纹

织金，有部分属于绣金，还有如泥金、贴金等则属于印金类。

 1. 泥金

文献记载中最丰富的大概是泥金。泥金就是将极细的金粉与黏金剂拌匀，然后一起绘上或印上织物。这个"泥"字当与印泥之"泥"同解，可以想象，泥金的状态也当与印泥相似。

泥金的实物在辽代丝织品上有大量发现，如内蒙古阿鲁科尔沁旗耶律羽之墓出土的四入团花绫地泥金填彩团窠蔓草仕女等。当时的泥金大多为画缋而成，可分为两种方法：一是依绫绮类的织物底纹而画，一是在素织物或小几何纹地上进行画缋。其中最为精美的一幅应数绮地泥金龙凤万岁龟麟，它以泥银绘出云纹的地，泥金绘出"龙凤万岁龟麟"（麟字残剩鹿旁）六个字。

 2. 贴金

我们现在所知最早的印金织物就是新疆营盘出土的贴金。此类贴金在当地应用甚广，当时男女服装的领口、裙摆、胸前、袜背等，均可以看到金箔被剪成三角形、圆点形、方形等，在丝织物上贴出各种图案。

 **3. 销金**

销金是宋元史料上一个常见的词汇，如《宋史》载"禁民间服销金"，《金史》上有各种"销金罗"记载。销金是一种印金工艺，这种印金工艺与贴金从外观上来看是非常类似的，但其工艺却有较大的区别。宋元印金中大部分都采用这一工艺，即先在织物上用凸纹版印上黏合剂，然后贴上金箔，经过烘干或熨压，剔除多余的金箔。

这种工艺的产品最早出现在唐代。陕西扶风法门寺地宫出土的铁函表面仍然包裹着一种蝴蝶折枝花纹的印金罗，应该就是销金产品；辽元墓葬中还有在销金外再进行描墨或朱砂的作品。有些保存得非常完好，但大多数情况是金箔被压碎，成了金粉，金粉脱落时就露出了后面的黏合剂。

4. 撒金

撒金在史料中未见记载，仅出现在人们对宋元时期出土印金实物的研究中。人们推测：撒金的方法是先用镂空版将特定的黏合剂印上织物，然后在黏合剂上撒上金粉，金粉与黏合剂黏合，不黏合处金粉可被抖落。这种工艺的优点是金粉较为节约，一则金粉全在表面，亮度好，利用率高；二则金粉撒得均匀，以最薄的状态出现。撒金所用的花版则明显是镂空版。

拔染印花

拔染印花又称雕印，是先染好地色，然后印上拔染剂，水洗后，拔染剂就将印花处的色彩拔去了。

这种工艺据分析有可能在唐代已经出现，也有人推测在明代出现。这种工艺多是红花染色，因为红花中的红色素在碱剂溶液中马上就溶解不能上染于织物，故推测是先染好红色然后印上碱剂，其工艺即为拔染印花。明人宋应星《天工开物·彰施》一章说："凡红花染帛之后，若欲退转，但浸湿所染帛，以碱水、稻灰水滴上数十点，其红一毫收转，仍还原质。"这数十点碱水滴得有章法规矩，褪色的地方就是图案，整个过程也就成为拔染印花了。

知识链接

香云纱

香云纱俗称莨纱、云纱，北京称为靠纱，是中国一种古老的手工制作的植物染色面料，已有一千多年的历史。由于它制作工艺独特，数量稀少，制作时间长，要求的技艺精湛，具有穿着滑爽、凉快、除菌、驱虫、对皮肤具有保健作用的特点，过去被称为软黄金，只有朱门大户人家才能享用。香云纱是以植物薯莨汁与黑河涌泥以全手工制作而成的环保丝绸面料，具有凉爽宜人、易洗快干、抗皮肤过敏等优点，被誉为丝绸中的极品。莨薯是一种可吃的食品，又是中药材，它的汁具有清凉、除湿、去毒、清火功能。面料的纤维浸透了莨薯汁，从而使面料也具有了上述保健功能，并具有挺括、滑爽的手感，对皮肤和身体极有益处。特别适合在湿热的夏季穿用，即使在酷暑天里，穿上香云纱服装，仍感十分凉爽、舒适。小孩用这种面料做成的枕头，再热的天也不会生痱子。对化学染色的面料皮肤过敏的人穿上香云纱服装，还具有治疗和保健作用。香云纱还是国际上热销的环保和保健面料。

第四节
织物整理技术

织物整理是织物加工的最后一道工序，也是必不可少的工序，其作用是改善织物的外观和手感，增进织物性能和稳定尺寸。我国古代常用的织物整理方法有熨烫整理、涂层整理、砑光整理。

织物的熨烫整理

熨烫整理是用熨斗压熨织物使之外观平整，尺寸稳定。根据出土的古代文物和大量的史料证明，用以熨衣服的熨斗在中国的汉代（公元2年）时就已出现。

晋代的《杜预集》上就写道："药杵臼、澡盘、熨斗……皆民间之急用也。"由此可见，熨斗已是那时民间的家庭用具。据《青铜器小词典》介绍，汉魏时期的熨斗是用青铜铸成，有的熨斗上还刻有"熨斗直衣"的铭文，可见那时候的我国古代劳动人民就已懂得了熨斗的用途。

关于"熨斗"这个名称的来历，古文中有两种解释：一是取象征北斗的意思，东汉的《说文解字》中解释："斗，象形有柄"；清朝的《说文解字注》中描述说："上象斗形，下象其柄也，斗有柄者，盖北斗。"二是熨斗的外形如斗。也有把熨斗叫"火斗""金斗"的。

古代老黄铜熨斗

古代的熨斗不是用电，而是把烧红的木炭放在熨斗里，等熨斗底部热得烫手了以后再使用，所以又叫作"火斗"。"金斗"则是指非常精致的熨斗，不是一般的民间用品，只有贵族才能享用。在现今一些地方的洗衣店，由于特殊需要或在没有电的情况下，还有使用木炭熨斗的。

中国古代的熨斗比外国发明的电熨斗早了 1880 年，是世界上第一个发明并使用熨斗的国家。

织物的涂层整理

涂层整理是纺织品防护性的整理方法之一，是在织物表面涂覆一层高分子化合物，使其具有独特的功能。早在 2000 多年以前，我国劳动人民就已经知道利用天然高分子化合物对织物进行涂层加工，制作各种防护用品了，如挺括的防水漆布、光亮的避雨油布和滑爽的香云纱就是优秀的代表性产品。

我国古代多以桐油、荏油、麻油及漆树分泌的生漆等作为涂层材料。生漆的主要成分是漆酸，当它涂在织物上后，与空气中的氧化合，便干结固化成光滑明亮的薄膜。桐油、荏油、麻油属干性植物油，含碘值较高，涂在织物上，遇空气中的氧可被氧化干结成树脂状具有防水性能的膜。根据《诗经》记载和陕西省长安县普度村西周墓出土文物可知，早在春秋时期，我国人民就已掌握了织物涂层整理技术。自西汉以来，用此工艺加工出的漆纱、漆布、油布等制品，成为制冕和防雨用品的主要材料。

冕，即乌纱帽，在古代亦叫"漆缅冠"，是用纱或罗织物表层涂以漆液制成的。作为朝廷官吏的帽子，它一直沿用到明代。长沙马王堆三号汉墓曾出土过一顶外观完好乌黑的漆缅冠，采用的便是鬃漆涂层技术，具有硬挺、光亮、滑爽、耐水、耐腐蚀等特点，反映了我国古代以生漆涂层进行硬挺整理加工的技术水平。

在古代，漆布和油布皆为御雨蔽日的用品，但油的来源比生漆多，故用油比用漆更广泛一些。南北朝时，对涂层所用各种油的性能和用途已积累了不少经验，如《齐民要术》记载："荏油性淳，涂帛胜麻油。"隋唐时期出现了在涂层用油中添加颜料，使涂层织物具有各种色彩的技术，如当时帝王后妃所乘车辆上的青油幢、绿油幢、赤油幢等各色避雨防尘的车帘，就是采用这一技术制成的。元以后，干性植物油的炼制和涂层技术又有了进一步提高，《多能鄙事》里记载，熬煎桐油除添加黄丹外，还要添加二氧化锰、四氧化三铅等一些金属氧化物作干燥剂；熬制时"勤搅莫火紧"，油熬到无油色时，以树枝蘸一点，冷却后再用手"抹开"；如果所涂油膜像漆一样光亮并且很快就干燥，则停止熬制。这种熬制和测试的基本方法，在如今一些油布伞、油布衣等生产厂家中还在使用。

织物的砑光整理

砑光整理为我国古代纺织物主要的整理方式之一，是利用大石块反复碾压织物，使其获得平整光洁的外观。辽宁省朝阳魏营子西周早期燕国墓中发现的 20 多层丝绸残片，经分析，丝线都呈扁平状，是经砑光碾压所致。山东临淄东周殉人墓中出土的丝绸刺绣残片，其绢地织物表面平整光滑，几乎看不出明显的结构空隙，很有可能也是经过砑光整理的。这两处发现说明砑光整理在周代即已出现。

自秦汉以来，用砑光的方式整理丝绸和麻织物颇为普遍，当时称砑光为"砑"。长沙马王堆汉墓出土的一块经砑光处理过的麻布，表面平整富有光泽，表明汉代用这种方式整理织物使其获得最佳外观效果的水平是相当高的。元以后，随着棉纺织业的发展，砑光被广泛用于棉织物的整理上。据《天工开物》中介绍：碾压棉织品的石质，宜采用江北性冷质腻者，这样的石头碾布时不易发热，碾得布缕紧密，不松懈。芜湖的大布店最注重用好碾石。广东南部是棉布聚集的地方，却要用很远地方出产的碾石，一定是由于其效果较好才这样做的。清代砑光工艺名称演变为"踹"，踹布业盛极一时，除练染作坊设有踹布工具外，更有专业的踹布房或踏布房。据史载，康熙五十九年（1702 年），仅苏州一带地区从事踹布业的人数就不下万余；雍正八年（1730 年）仅苏州阊门一带就有踹坊 450 余处，踹石 1.09 万余块，每坊容匠各数十人不等。当时踹布采取的工艺方式是将织物卷在木轴上，以磨光石板为承，上压光滑凹形大石，重可千斤，一人双足踏于凹口两端，往来施力踏之，使布质紧薄而有光。这种踹布整理技术成为近代机械轧光整理技术的前身。

知识链接

织金锦

　　织金锦，元代亦称为"纳石失"，是一种把金线织入锦中而形成特殊光泽效果的丝织物。这种织物的组织，均为由金线、纹纬、地纬三组纬线组成的重纬组织，它的金线显花处的结构则为变化平纹或变化斜纹组织。元代织金锦精品实物，除故宫博物院有藏品数种外，各地亦有不少出土。如新疆盐湖元代墓葬出土的片金锦和捻金锦，经密分别为每厘米52根和65根，纬密分别为每厘米48根和40根。片金锦金线宽仅0.5毫米左右，纹样为满地花类型，以开光为主体，穿枝莲补充其间，线条流畅，绚丽辉煌。捻金锦纹样为一尊菩萨像，修眉大眼，隆鼻小口，头戴宝冠，自肩至冠后有背光。

图片授权
全景网
壹图网
中华图片库
林静文化摄影部

敬　启
　　本书图片的编选，参阅了一些网站和公共图库。由于联系上的困难，我们与部分入选图片的作者未能取得联系，谨致深深的歉意。敬请图片原作者见到本书后，及时与我们联系，以便我们按国家有关规定支付稿酬并赠送样书。
　　联系邮箱：932389463@qq.com

参考书目

1. 赵翰生．中国读本：中国古代纺织与印染．北京：中国国际广播出版社，2010.

2. 赵丰．中国丝绸通史．苏州：苏州大学出版社，2005.

3. 赵翰生．中国古代纺织与印染．北京：商务印书馆，2004.

4. 姚穆．纺织材料学．北京：中国纺织出版社，1996.

5. 赵丰．唐代丝绸与丝绸之路．西安：三秦出版社，1992.

6. 荆州地区博物馆．江陵马山一号绝墓．北京：文物出版社，1985.

7. 陈维稷．中国纺织科学技术史（古代部分）．北京：科学出版社，1984.

8. 辽宁省博物馆．宋元明清缂丝．北京：人民美术出版社，1982.

9. 高汉玉等．长沙马王堆一号汉墓出土纺织品的研究．北京：文物出版社，1980.

10. 湖南省博物馆．长沙马王堆一号汉墓．北京：文物出版社，1972.

11. 新疆博物馆．丝绸之路汉唐织物．北京：文物出版社，1972.

12. 金开诚．中国文化知识读本 古代纺织．长春：吉林出版集团有限责任公司，1970.

中国传统风俗文化丛书

一、古代人物系列（9 本）
1. 中国古代乞丐
2. 中国古代道士
3. 中国古代名帝
4. 中国古代名将
5. 中国古代名相
6. 中国古代文人
7. 中国古代高僧
8. 中国古代太监
9. 中国古代侠士

二、古代民俗系列（8 本）
1. 中国古代民俗
2. 中国古代玩具
3. 中国古代服饰
4. 中国古代丧葬
5. 中国古代节日
6. 中国古代面具
7. 中国古代祭祀
8. 中国古代剪纸

三、古代收藏系列（16 本）
1. 中国古代金银器
2. 中国古代漆器
3. 中国古代藏书
4. 中国古代石雕

5. 中国古代雕刻
6. 中国古代书法
7. 中国古代木雕
8. 中国古代玉器
9. 中国古代青铜器
10. 中国古代瓷器
11. 中国古代钱币
12. 中国古代酒具
13. 中国古代家具
14. 中国古代陶器
15. 中国古代年画
16. 中国古代砖雕

四、古代建筑系列（12 本）
1. 中国古代建筑
2. 中国古代城墙
3. 中国古代陵墓
4. 中国古代砖瓦
5. 中国古代桥梁
6. 中国古塔
7. 中国古镇
8. 中国古代楼阁
9. 中国古都
10. 中国古代长城
11. 中国古代宫殿
12. 中国古代寺庙

五、古代科学技术系列（14 本）

1. 中国古代科技
2. 中国古代农业
3. 中国古代水利
4. 中国古代医学
5. 中国古代版画
6. 中国古代养殖
7. 中国古代船舶
8. 中国古代兵器
9. 中国古代纺织与印染
10. 中国古代农具
11. 中国古代园艺
12. 中国古代天文历法
13. 中国古代印刷
14. 中国古代地理

六、古代政治经济制度系列（13 本）

1. 中国古代经济
2. 中国古代科举
3. 中国古代邮驿
4. 中国古代赋税
5. 中国古代关隘
6. 中国古代交通
7. 中国古代商号
8. 中国古代官制
9. 中国古代航海
10. 中国古代贸易
11. 中国古代军队
12. 中国古代法律
13. 中国古代战争

七、古代文化系列（17 本）

1. 中国古代婚姻
2. 中国古代武术
3. 中国古代城市
4. 中国古代教育
5. 中国古代家训
6. 中国古代书院
7. 中国古代典籍
8. 中国古代石窟
9. 中国古代战场
10. 中国古代礼仪
11. 中国古村落
12. 中国古代体育
13. 中国古代姓氏
14. 中国古代文房四宝
15. 中国古代饮食
16. 中国古代娱乐
17. 中国古代兵书

八、古代艺术系列（11 本）

1. 中国古代艺术
2. 中国古代戏曲
3. 中国古代绘画
4. 中国古代音乐
5. 中国古代文学
6. 中国古代乐器
7. 中国古代刺绣
8. 中国古代碑刻
9. 中国古代舞蹈
10. 中国古代篆刻
11. 中国古代杂技